"十四五"时期国家重点出版物出版专项规划项目 现代土木工程精品系列图书

黑龙江省优秀学术著作/"双一流"建设精品出版工程

# 近断层地震动特征及其工程影响

## NEAR-FAULT EARTHQUAKE GROUND MOTION AND EFFECTS ON ENGINEERING STRUCTURES

李 爽 胡进军 著

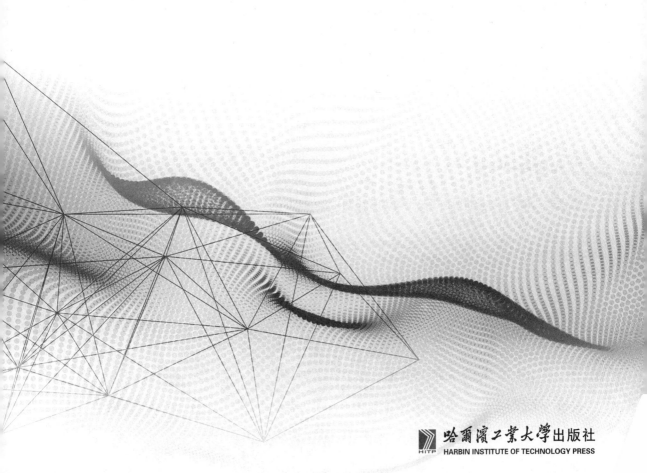

哈尔滨工业大学出版社
HITP HARBIN INSTITUTE OF TECHNOLOGY PRESS

# 内 容 简 介

近断层地震动对工程结构的影响是近年来学术界和工程界共同关心的问题,其研究对工程结构抗震设防和地震灾害的减轻具有重要意义。本书涉及近断层地震动及其影响相关内容,包括近断层地震动产生原因及特征、震源参数对方向性效应的影响、破裂速度与方式对方向性效应的影响、超剪切破裂对方向性效应的影响、近断层地震动对工程结构的影响、结构反应分析输入地震动的截断方法、结构反应分析等效地震激励的构造方法。

本书可供工程地震和结构抗震专业人员、土木工程技术人员、高等院校及科研院所相关教师和学生在地震工程研究和工程结构抗震设计及评估中阅读和参考。

**图书在版编目(CIP)数据**

近断层地震动特征及其工程影响/李爽,胡进军著
. —哈尔滨:哈尔滨工业大学出版社,2023.1
（现代土木工程精品系列图书）
ISBN 978 - 7 - 5603 - 8582 - 2

Ⅰ.①近… Ⅱ.①李… ②胡… Ⅲ.①活动断层-地震活动性-研究 ②活动断层-地震-影响-建筑结构-研究 Ⅳ.①P315.5 ②TU352.1

中国版本图书馆 CIP 数据核字(2019)第 243021 号

策划编辑　王桂芝　丁桂焱
责任编辑　马静怡　李长波
出版发行　哈尔滨工业大学出版社
社　　址　哈尔滨市南岗区复华四道街 10 号　邮编150006
传　　真　0451-86414749
网　　址　http://hitpress.hit.edu.cn
印　　刷　哈尔滨市工大节能印刷厂
开　　本　787 mm×1 092 mm　1/16　印张 15.25　字数 343 千字
版　　次　2023 年 1 月第 1 版　2023 年 1 月第 1 次印刷
书　　号　ISBN 978 - 7 - 5603 - 8582 - 2
定　　价　68.00 元

# 前　　言

　　一直以来,对地震动记录的研究是推动地震工程学进步的重要因素之一,这源于经常可以从地震动记录中观察到以前未知的地震现象。这些新的地震现象检验了已有工程结构抗震设计方法的安全性,并促进了更加先进的抗震设计理论的产生。在断层附近记录到的地震动与在距断层较远场地上记录到的地震动存在较大的差异,这类地震动即为近断层地震动,它们具备一些与众不同的特点,同时对工程结构的安全性造成了威胁。

　　地震动的工程特征可以使用多种地震动参数来进行描述,其中最为直观的是峰值类参数、频谱类参数和持时类参数,本书也关注了近断层地震动的这些参数的变化。本书共分为7章,具体内容如下:

　　(1)近断层地震动产生原因及特征。近断层地震动有其自身的产生机制,对产生机制的分析和总结有助于进一步了解地震动的特征。本章主要介绍近断层的一些基本概念和典型表现、实际地震中发现的方向性效应、对方向性效应进行分析的方法。

　　(2)震源参数对方向性效应的影响。震源、传播路径和场地条件是影响地震动的重要因素,对于近断层地震动,震源的影响显得更加重要。本章主要介绍震源深度对方向性效应的影响、破裂起始位置对方向性效应的影响、倾角对方向性效应的影响。

　　(3)破裂速度与方式对方向性效应的影响。断层破裂的运动相关参数和形式将影响地震动的特征。本章主要介绍不同破裂速度对方向性效应的影响、变破裂速度对方向性效应的影响、双侧破裂的方向性特征。

　　(4)超剪切破裂对方向性效应的影响。当断层的破裂速度非常大时,将会产生破裂快于地震波传播的现象,并引起地震动的变化。本章主要介绍超剪切破裂的产生原因和证明、超剪切破裂对地震动特征的影响。

　　(5)近断层地震动对工程结构的影响。在近断层地震动作用下的工程结构如何进行抗震设防是十分重要的问题。本章主要介绍建筑结构在近断层地震动作用下的反应特征、简单脉冲地震动作用下建筑结构的反应情况、近断层抗震设计谱的现状和建立。

　　(6)结构反应分析输入地震动的截断方法。经过初步设计的建筑结构通常需要使用非线性时程分析方法验算其在地震作用下的变形。本章主要介绍如何通过截断地震动来降低非线性时程分析的计算量,给出基于结构反应等效思想的地震动截断方法。

　　(7)结构反应分析等效地震激励的构造方法。仍然期望为建筑结构非线性时程分析的计算量问题提供解决方案。本章主要介绍通过尝试构造类似于地震激励的方式，获得近似的结构地震反应，同时又可以大幅降低非线性时程分析计算量的方法。

　　各位前辈及同行的技术文献为我们开阔了视野，提供了参考，在此一并表示感谢。本书作者仅是对近断层地震动的工程特征做了一些粗浅的总结，由于水平有限，所述内容可认为是相关领域的入门知识，一定存在若干不足和有待完善之处，期盼有关专家和读者批评指正。

作　者

2023 年 1 月

哈尔滨工业大学

中国地震局工程力学研究所

# 目　　录

# 第1章　近断层地震动产生原因及特征

## 1.1　引　言

很多大地震发生在城市附近,使许多城市遭受了严重的灾害。近断层地震动巨大的破坏力也在这些地震中被观察到,从1994年美国的Northridge地震开始至今的几次地震,尤其是1999年中国台湾Chi-Chi(集集)地震,引起了研究人员对这一领域的关注。城市附近的大地震会对城市造成如此严重的威胁,一个直接的原因是近断层地震动具有巨大的破坏力。近断层区域的地震动由于显著受到断层破裂机制、破裂传播方向及场地位置等的影响,因此近断层区域的地震动与远离震源区(远场)的地震动表现出明显的差别。本章收集和分析了与近断层方向性效应相关的一些地震资料,介绍了实际地震中方向性效应的表现及近断层地震动的特征。

## 1.2　近断层地震动

对于给定的地震,某一地点的地面运动受到很多因素的影响,一般来讲可以简单归纳为三个参数:震级、距离和场地条件,但在场地距断层较近的情况下,其他因素的作用可能起到主要作用。在距离断层一定范围内,地面运动因直接受到震源机制、断层相对于场地破裂方向和断裂面相对滑动方向等因素的影响,表现出与一般从远场获得的记录明显不同的性质。近断层地震动的概念是为了体现靠近地震断层(断裂面)场地上的地震动的特殊效应,及其对结构潜在的危害性与远场地震动的区别而被使用的。近断层区域的地震动与远场地震动可能有明显的差别,典型的近断层效应包括"方向性效应(Rupture Directivity Effect)""上盘效应(Hanging Wall Effect)"和"滑冲效应(Fling-step Effect)"等。其中,方向性效应对工程结构的影响显著,也比较为工程界关注。

### 1.2.1　近断层区域

近源、近场和近断层等称呼都可以用来表征或者强调靠近断层的地震动。不同研究者由于关注的问题不同、使用的资料不同,给出的定义也有差别,比如认为近断层区域指断层距小于20~60 km的区域、断层距小于10~20 km的区域、矩震级大于6.5的浅源地震情况且断层距不超过15 km的区域等。因此,关于近断层区域的定义并不唯一,实际上它也并不应该是一个严格的划分,而应该是一个受多因素影响的综合概念。近断层区域的定义与地震震级的大小、震源深度、震源机制、断层尺度等参数有关,并不能简单地说断层距小于某个距离就定义为近断层区域,比如对于 2008 年我国四川汶川的 M8.0 级地震,断层的长度就达到 300 km,断层面也不一定是平面,所以定义一个几十千米的固定不变的近断层区域可能是不合适的。美国 ASCE/SEI 7-16 中建议,当发生 M7.0 或更大的地震时,15 km 是比较合适的选择;当发生 M6.0 或更大的地震时,10 km 是比较合适的选择。本书作者对 300 余条其他研究者识别的近断层地震动进行过统计,85% 的近断层地震动出现在断层距小于 30 km 的场地上,因此 30 km 似乎也可以作为近断层区域的一个参考值。

在近断层区域内记录到的地震动可能具有某些显著区别于远场地震动的特征,比如速度时程中出现大脉冲形状、位移时程中出现永久位移等。在本书中,近断层地震动特指具有这些典型特征的地震动。但是,需要说明的是,位于近断层区域内的地震动并不一定都具有速度大脉冲、永久位移等典型特征,在近断层区域也有大量的地震动与远场地震动无区别的情况。另外,在近断层区域之外,也有一些地震动的速度时程中具有大脉冲等特征。

## 1.2.2　近断层地震动的典型表现

### 1. 近断层地震动方向性效应

当断层破裂速度接近于剪切波速时,在破裂的前方地区,不同时刻各子源破裂产生的地震波将在基本相同的时间到达场地,能量的积累效应对地震动的波形产生影响,这种影响表现为脉冲型的波形发生在速度时程的开始阶段,使其成为一个持时相对较短、存在单个较明显脉冲形状、峰值较大的地震动;而在背离破裂方向的场地,各子源破裂产生的地震波由于在相对较长的时间内到达,因此能量分布比较均匀,将产生一个波形相对平缓、峰值较小的地震动。这种破裂前后方向上地震动的差异是破裂方向性效应对地震动影响的典型体现。图 1.1 所示为 1979 年美国帝谷地震中 EL CENTRO ARRAY ＃ 4 台站记录到的受方向性效应影响的近断层地震动,可以明显地看到在速度时程中具有的脉冲形状。通常,在地震动垂直于断层方向的分量上,出现脉冲的概率更大。

### 2. 近断层地震动上盘效应

近断层地震动的上盘效应表现在地震动场的空间分布特征差异上,位于断层上盘一定距离场地上的地震动比位于下盘相同距离场地上的地震动幅值要大,或者说上盘的地震动强度衰减得比下盘慢。研究人员在对 1994 年美国 Northridge 地震的地震动进行衰减特征分析时发现,位于上盘断层距在 10 ~ 20 km 场地上的水平向峰值加速度比使用通常的衰减关系分析得到的结果大 50%,而下盘相应场地上的水平向峰值加速度与使用通常的衰减关系分析得到的结果没有明显差异。对 1999 年中国台湾 Chi-Chi 地震的地震动进行衰减特征分析时发现,位于上盘断层距在 20 km 以内场地上的峰值加速度基本上都大于下盘相应区域场地上的峰值加速度。表 1.1 所示为 1999 年中国台湾 Chi-Chi 地震

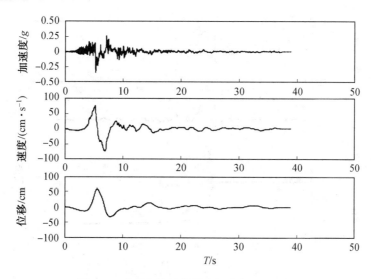

图 1.1　受方向性效应影响的近断层地震动

近断层 20 km 内的上盘和下盘场地上地震动峰值平均值,表现出了系统性的差异。研究认为,上盘和下盘场地上地震动的这种差异,可归因于上盘场地观测点相对于相同断层距的下盘场地观测点距离断层面更近;也有研究认为,上盘和下盘场地相对于断层的位置、上盘和下盘楔体的差异、倾斜断层的不对称性引起的几何效应及断层面与自由地表之间波场反射是产生上盘效应的原因。上盘效应是一种常见的效应,普遍存在于地震的近断层区域。

**表 1.1　Chi-Chi 地震近断层 20 km 内的上盘和下盘场地上地震动峰值平均值**

| 台站位置 | PGA/(cm·s⁻²) | | | PGV/(cm·s⁻¹) | | | PGD/cm | | |
|---|---|---|---|---|---|---|---|---|---|
| (个数) | FN | FP | UD | FN | FP | UD | FN | FP | UD |
| HW(11) | 608 | 451 | 353 | 89 | 78 | 53 | 75 | 85 | 59 |
| FW(45) | 255 | 225 | 147 | 55 | 49 | 36 | 54 | 42 | 27 |

PGA—峰值加速度,Peak Ground Acceleration;PGV—峰值速度,Peak Ground Velocity;PGD—峰值位移,Peak Ground Displacement;FN—Fault Normal 方向;FP—Fault Parallel 方向;UD—Up Down 方向;HW—上盘,Hanging Wall;FW—下盘,Foot Wall。

**3. 近断层地震动滑冲效应**

在一些近断层地震动记录的速度时程中会出现较大的脉冲,且有较长的振动周期,同时一般会伴随有位移时程中的永久位移。由于存在不可恢复的位移,这种类型的近断层地震动对工程结构有极大的破坏力。图 1.2 所示为 1999 年中国台湾 Chi-Chi 地震中 TCU052 台站记录到的受滑冲效应影响的近断层地震动。地震动位移记录中出现了明显的永久位移,这种影响在很多次地震中被观察到。通常,在地震动平行于断层方向的分量上,出现永久位移的概率更大。

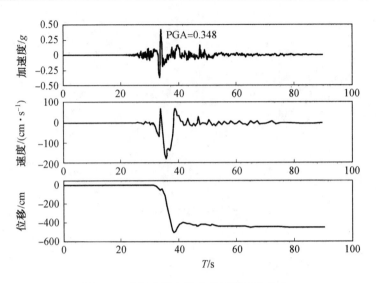

图 1.2　受滑冲效应影响的近断层地震动

### 1.2.3　近断层地震动的破坏力

　　近断层区域是地震中遭受破坏的严重地区。研究发现,相同峰值的近断层地震动的破坏力要远高于远场地震动,可能引起工程结构发生更大的变形。因此,在进行工程结构的地震反应分析和抗震设计时,应考虑近断层地震动的影响。

## 1.3　近断层方向性的物理解释

　　"多普勒效应"常被用来作为地震动方向性效应的一种物理解释。"多普勒效应"是由于波源与接收点之间的相对运动产生的,在时间域内表现为在传播方向的前方,周期减小、振幅增强;在传播方向的后方,周期增大、振幅减弱。

　　由于位于破裂传播前方和破裂传播后方的场地上的地震动在方向性效应影响下表现不同,把对破裂传播前方场地的影响称为"前方向性效应(Forward Directivity Effect)",把对破裂传播后方场地的影响称为"后方向性效应(Backward Directivity Effect)",但两者在产生的本质上没有区别,这种区分只是为了更好地理解方向性效应在不同传播方向上的特点。如果断层破裂方向与震中和场地连线的夹角接近垂直,则表现为中性效应或者说没有实质影响。图 1.3 给出了断层传播破裂方向与震中和场地连线的相对位置关系,以及不同方向性效应所对应的区域。

　　当断层以接近于震源附近岩石中的剪切波速破裂时(断层的破裂速度一般稍小于剪切波速),在破裂传播的前方,各子源破裂产生的地震波将在很短的时间内几乎同时到达场地。图 1.4 为展示这种情况的一个常用示意图,各子源破裂产生的地震波几乎同时到达破裂前方的场地,这将产生一个持时相对较短、幅值相对较大的脉冲,并且脉冲一般发生在速度时程的开始阶段;在背离断层破裂方向的场地,各子源破裂产生的地震波由于在

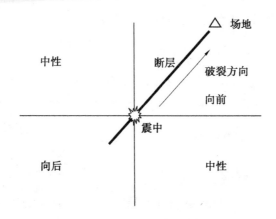

图 1.3　不同区域所对应的方向性效应

相对较长的时间内到达,因此这种影响的分布比较均匀,结果是在此场地将产生一个持时相对较长、幅值相对较小的地震动。方向性效应增强了破裂传播方向场地上地震动的幅值,增长了破裂传播反方向上的持时。需要说明的是,图 1.4 为非常理想情况下的示意图,实际情况下地震波的影响线不可能是规则的圆形传播的。

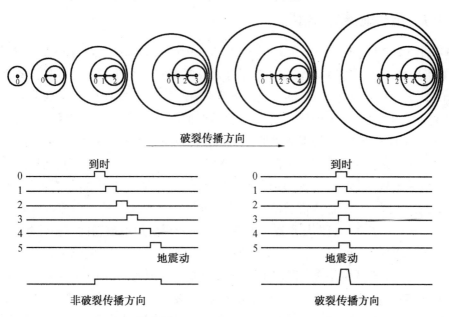

图 1.4　移动震动源对波的幅值和形状影响的示意图

断层面将两侧的岩体分开,按两侧岩体相对运动方式的不同,通常将断层分为走滑型和倾滑型。两种类型的断层可以大致按以下方式区分,走滑断层的特征是断层两侧岩体在水平方向发生相对滑动,倾滑断层的特征是断层两侧岩体在竖向发生相对滑动。近断层方向性效应在走滑断层和倾滑断层时的特点不同,对于走滑断层,观测到的脉冲效应在与走向垂直的方向上比较显著;对于倾滑断层,观测到的脉冲效应在断层面的上倾投影处场地与倾向垂直的分量上比较显著。图 1.5 给出了以上说明的一个示意图,形象地表示了这种影响方式,图中也同时给出了滑冲效应。

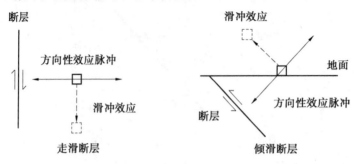

图 1.5　走滑断层和倾滑断层的脉冲产生方位示意图

## 1.4　实际地震中发现的方向性效应

实际地震中的方向性效应可以找到若干例子,本章仅以 2008 年中国汶川地震来进行说明,此次地震是中国进入 21 世纪以来灾害后果最为严重的一次地震事件。

### 1.4.1　汶川地震基本情况

2008 年 5 月 12 日 14 时 28 分 04 秒,四川省境内(北纬 31.0 度,东经 103.4 度)发生了 M8.0 级地震,震源深度 14 km,震中位于汶川县西南的映秀镇,震中距离四川省都江堰市 21 km,距离四川省成都市 75 km。此次地震影响范围巨大,除四川省、甘肃省和陕西省外,震害还波及了重庆市、云南省、宁夏回族自治区的部分地区。由于震区位于山区和丘陵地带,地质条件十分复杂,地震造成了大量的滑坡和崩石等地质灾害,滑坡也造成了多处堰塞湖。此次地震的震中烈度最高达到了 XI 度,造成了大量的人员伤亡和财产损失。由于此次地震震级大,断层的破裂时间长,断层破裂长度达到了 300 多千米,宽度约40 km,因此这些因素易于造成沿着断层走向和垂直断层走向上地震动和震害分布的方向性差异。本章一方面从近断层地震动本身的特征分析汶川地震动的方向性效应;另一方面,从工程结构震害和人员伤亡的角度分析此次地震表现出来的方向性特点。

发震的龙门山地区位于青藏高原东部边缘,紧邻四川盆地,龙门山断裂带从西向东分布有汶川-茂县断裂、北川-映秀断裂和安县-灌县断裂。有地震记载以来,汶川地震震中附近 200 km 范围内发生过多次 M7 级以上地震,最大的是 1933 年四川茂汶北叠溪 M7.5级地震,最大的烈度达到了 X 度。表 1.2 给出了汶川地震之前龙门山断裂及其附近 M6级以上地震的发生情况。

表 1.2 龙门山断裂及其附近 M6 级以上地震(1900 ~ 2008 年)

| 时间 | 纬度/(°) | 经度/(°) | 震级 | 地点 |
| --- | --- | --- | --- | --- |
| 1933 | 31.90 | 103.4 | 7.5 | 茂县 |
| 1941 | 30.40 | 102.2 | 6.0 | 康定 |
| 1958 | 31.50 | 104.0 | 6.2 | 绵竹 |
| 1970 | 30.60 | 103.3 | 6.2 | 大邑 |
| 1976 | 32.80 | 104.3 | 7.2 | 松潘 |
| 2008 | 31.00 | 103.4 | 8.0 | 汶川 |

### 1.4.2 汶川地震近断层地震动的方向性

中国强震观测台网在此次地震中共记录到 420 组三分量加速度记录(包括 402 个固定自由场台站、1 个地形影响台阵和 2 个结构台阵),有 46 组三分量加速度记录的断层距小于 100 km,使中国大陆近断层区域所获得的地震动加速度记录的数量成倍增加,极大地丰富了我国强震动观测数据库。根据震后公布的 420 组汶川地震强地震动数据,选取时除去信噪比较低、竖向记录不完整和断层距大于 600 km 的记录,从中选取了 198 个台站的地震动记录。

为分析破裂的方向性对地震动参数的影响,根据场地位置将所有场地分为破裂前方的场地和破裂后方的场地。如果以地表上在震中处与断层垂直的直线为分界线,其中破裂前方的场地约 105 个,破裂后方的场地约 93 个。由于原始的水平向记录为 NS(南北)和 EW(东西)方向,为了分析方向性效应对与断层垂直(FN)和与断层平行(FP)分量的影响,分析时将 NS 和 EW 方向的地震动记录旋转到 FN 和 FP 方向。

**1. 峰值特征**

地震动峰值是反映其特征的重要参数之一,为从整体上分析破裂的方向性对地震动强度及其分布特征的影响,以下从地震动的峰值加速度(Peak Ground Acceleration,PGA)和 PGA 随距离的衰减关系来说明方向性对地震动的影响。对此次地震 FN 分量的峰值加速度进行说明,可以发现地震动峰值加速度的分布表现出了方向性效应。在破裂的前方(东北方向),地震动的峰值明显大于破裂后方(西南方向)的场地。

破裂前方和后方地震动衰减关系的差别可以证明方向性效应的影响。分别基于破裂前方和后方及全部场地的地震动记录建立衰减关系,图 1.6 中所示的实线和虚线给出了这些结果。实线为破裂前方场地的衰减关系曲线,虚线为破裂后方场地的衰减关系曲线,点划线为所有场地的衰减关系曲线,图中 FD(Forward Directivity)和 BD(Backward Directivity)分别表示破裂前方和后方的衰减曲线。从破裂前方和后方的衰减关系曲线可以看出,破裂前方场地的峰值要比破裂后方的大,越靠近断层差别越大,随着断层距($D_{\text{rup}}$)的增大,破裂前方和后方的差距逐渐减小。

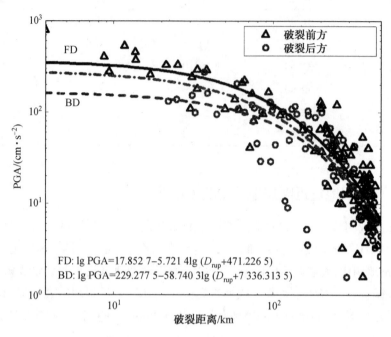

图 1.6　破裂前后方的 PGA 衰减关系曲线（FN 方向分量）

**2. 反应谱特征**

地震动的反应谱是表征地震动特征的重要参数之一，通过破裂前方和后方反应谱的均值对比以及某固定周期场地的反应谱值的等值线来分析方向性效应对地震动频谱的影响。图 1.7 给出了破裂前方和后方场地 FN 分量的反应谱、平均反应谱及前方和后方的平均反应谱比。可以看出在周期小于 2 s 时，破裂前方的平均反应谱是破裂后方平均反应谱的 2 倍左右；当周期大于 2 s 时，方向性效应更加明显，谱比最高可以达到 4 倍左右，方向性效应对长周期的结构影响更加显著。如果绘制出反应谱值的等值线，从等值线也可以看出方向性效应的影响，方向性使得破裂前方的谱值明显高于破裂后方，破裂前方的谱值衰减较慢。

**3. 持时特征**

方向性效应对地震动的持时有影响。图 1.8 所示为破裂前方和后方 FN 分量持时（90% 能量持时）的衰减关系曲线。图中实线表示破裂前方地震动持时的关系曲线，虚线表示破裂后方地震动持时的关系曲线，点划线表示所有场地上地震动持时的关系曲线。从图 1.8 中可以看出，破裂后方场地的持时明显大于破裂前方，随着距离的增大，持时有逐渐增大的趋势。

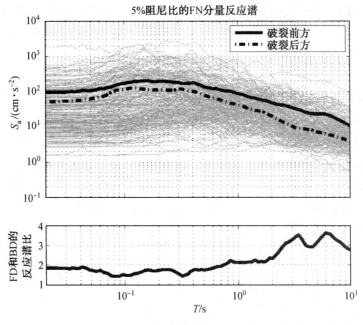

图 1.7　破裂前方和后方场地的加速度反应谱

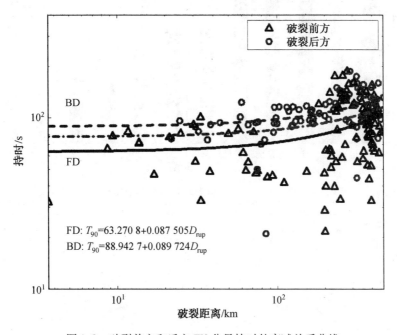

图 1.8　破裂前方和后方 FN 分量持时的衰减关系曲线

### 1.4.3　震害分布的方向性特征

可以从近断层地震动参数分布特征的角度分析断层破裂过程可能引起的方向性效应,还可以间接地从工程结构和人员伤亡分布特征来佐证可能存在的破裂方向性效应。

以靠近断层的绵竹市的震害调查数据为基础,从砖混和砖木结构房屋的倒塌率沿着到断层距离的变化来分析结构震害的方向性。绵竹地区主要处于这次地震的龙门山断裂带和与其平行的几条主要隐伏断裂构造附近。此次地震中绵竹市的金花、汉旺、清平、天池、马尾、遵道、九龙、拱星等乡镇震害严重。

根据调查的数据,将数据比较充足的砖木和砖混结构的倒塌率进行统计,得到了图1.9所示几个乡镇的房屋倒塌率分布图。可以看出:随着距断层距离的增大,房屋的倒塌率逐渐下降,在垂直于断层方向衰减很快;沿着断层走向方向各乡镇的房屋倒塌率比较接近,而且变化很小。这些特征在一定程度上印证了地震动的方向性特征。从人员伤亡的角度也可以间接印证地震动的方向性效应。根据调查的数据,得到各个乡镇的人员死亡率,为了对比不同乡镇的结果,将各乡镇的人员死亡率按照死亡率最高采样点的值进行标准化,结果如图1.10所示。对比表明,采样点越是靠近断层,死亡率越高,并且随着离开断层距离的增大,死亡率迅速减小。在垂直于断层方向和沿着断层走向方向存在差距。需要说明的是,震害和人员伤亡比地震动参数受到的影响因数更多,因此其对地震动方向性效应的表示仅是定性的。

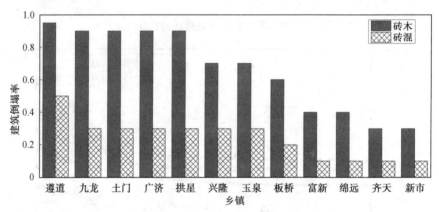

图1.9　乡镇的砖木和砖混结构倒塌率

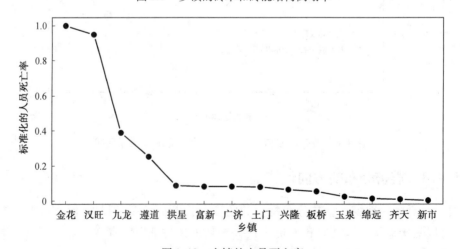

图1.10　乡镇的人员死亡率

# 1.5　研究方向性效应的方法

## 1.5.1　数值模拟情况介绍

本书的第 2～4 章对方向性效应的影响因素进行了分析,分析时使用了数值模拟方法。断层模型参数如图 1.11 所示,假设矩震级为 $M_w$6.4 级,$Z=0$ 为自由地表,断层的上界埋深为 $Z_F$,断层的长 $L$ 为 26 km,宽 $W$ 为 10 km。在断层面上采用了均匀的滑动分布、上升时间及常破裂速度,并假设破裂起始点在断层下倾方向的中心。将此断层模型称为"基本断层模型",后面章节中使用的各种断层模型均是基于此"基本断层模型"变化相关参数得到的。考虑到使用的模型本身所能考虑的情况也是有局限性的,因此第 2～4 章的主要目的是提供一些趋势性的结论。

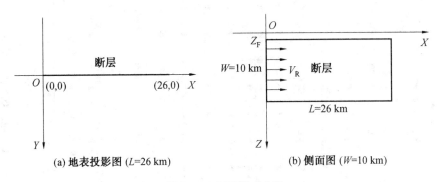

(a) 地表投影图 ($L$=26 km)　　　　　　　　(b) 侧面图 ($W$=10 km)

图 1.11　断层模型参数

为了分析各种断层参数变化下近断层地震动的特征,选择了图 1.12 所示的观测区域,在沿着断层走向长 120 km 和垂直于断层走向 70 km 范围内设置了平行于走向($X$ 轴)的 14 行观测点,各行之间的间距为 5～10 km,靠近断层处的观测点设置得比较密集。考虑到方向性效应等因素的影响,观测点在破裂的前、后方不对称设置。在破裂方向的一侧设置了更多的观测点,观测点共 278 个。

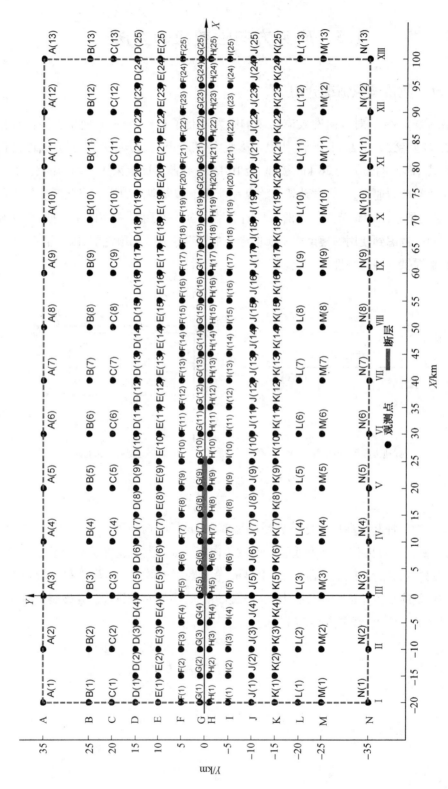

图1.12 地表观测点分布图

### 1.5.2　方向性效应的基本特征

在分析断层参数对方向性效应的影响之前,本节首先分析基本断层模型下近断层地震动的方向性特征,为下一步分析若干因素对方向性效应的影响提供可参考的对比结果。使用基本断层模型分析方向性效应引起的近断层地震动的工程特征参数,这些工程参数包括地震动的峰值加速度、反应谱和持时。基本断层模型参数如表 1.3 和图 1.13 所示,其中断层上界埋深设置为 $Z_F=0.1$ km,$M_0$ 为地震矩,$\tau_R$ 为上升时间,$D$ 为平均位错。假设破裂从断层下倾方向的中心开始,即 $H=0.5\times W=5$ km,其中 $H$ 为破裂起始点到断层上界的距离。为了较好地模拟产生方向性效应的条件,设置破裂速度的值接近于剪切波速,即破裂速度为剪切波速的 0.9 倍($V_R=0.9V_S$)。

表 1.3　断层模型参数

| $M_w$ | $L$ /km | $W$ /km | $M_0$ /(N·m$^{-1}$) | $Z_F$ /km | $H$ /km | $\tau_R$ /s | $D$ /m | $V_R$ /(km·s$^{-1}$) |
|---|---|---|---|---|---|---|---|---|
| 6.4 | 26 | 10 | $5.01\times10^{22}$ | 0.1 | 5 | 0.75 | 0.58 | $0.9V_S$ |

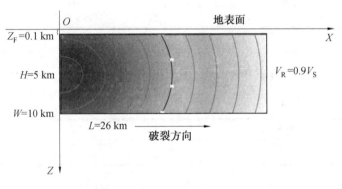

图 1.13　基本断层模型

地震动峰值的变化通过其沿着一定方向的衰减来表示。对其在沿断层走向分布的一行观测点的加速度时程进行分析,图 1.14 给出了图 1.12 中所示 F 行奇数观测点的地震动加速度时程曲线。从与断层走向平行 F 行观测点的地震动时程及其峰值可以看出,方向性效应使得在破裂前方一定距离内地震动的峰值明显高于破裂后方相同距离的地震动峰值。从图 1.14 中还可以观察到距离对地震动峰值出现时刻的影响,这些信息通常可以被用于地震后震源位置和震级大小的确定。

仅从时程曲线的对比较难直观地看到最大值的结果,下面以地震动峰值沿断层走向和垂直方向的变化来分析方向性效应的影响。根据计算的地表观测点的地震动时程,提取其加速度时程的峰值作为纵坐标,以观测点到 $Y$ 轴的水平距离 $X_s$ 为横坐标,将各观测点的峰值沿断层走向的变化曲线表示在图上。图 1.15 所示为 A～G 行各个观测点的 FN、FP 和 UP 分量的地震动峰值加速度的变化曲线。

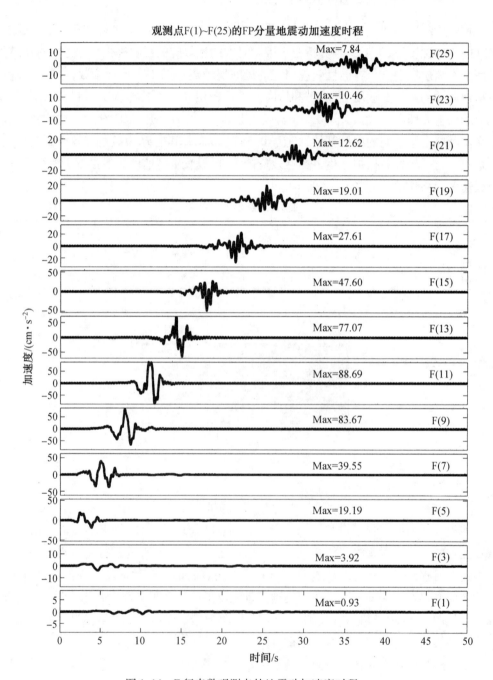

图 1.14　F 行奇数观测点的地震动加速度时程

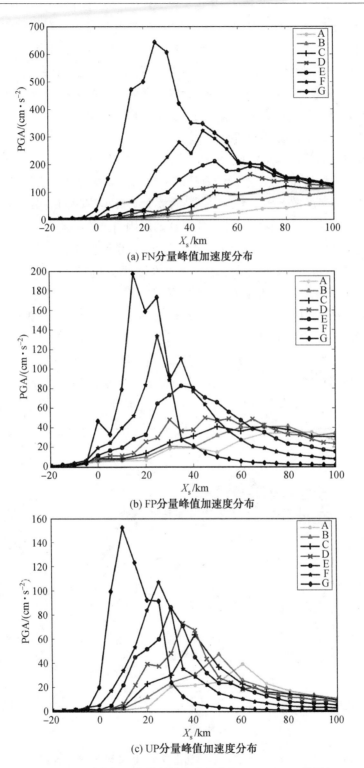

(a) FN分量峰值加速度分布

(b) FP分量峰值加速度分布

(c) UP分量峰值加速度分布

图 1.15    峰值加速度沿断层走向变化( FN、FP 和 UP 分量)

　　观测点沿着走向到原点的距离对地震动的峰值影响显著。根据图 1.15 中给出的 A ~ G 行距离不同观测点的地震动峰值沿走向的变化曲线,可以看出从破裂开始处随着沿走向距离的增大,地震动峰值逐渐增大,并且在一定距离范围内达到地震动峰值的最大值,之后地震动逐渐衰减。对于 FN 分量,其峰值随着沿走向的距离衰减很慢,甚至在 3 倍的断层长度处地震动的峰值仍然很大,但是对于 FP 和 UP 分量,地震动在 1 倍的断层长度后就衰减到接近于破裂开始处的值。

　　方向性效应对地震动的 FN、FP 和 UP 分量的影响不同,对 FN 分量的影响最显著。如果从不同分量的峰值比(以破裂起始点处的地震动峰值作为基准值 G(5))沿走向变化的对比来看,FN 分量的放大率最大,FP 分量的放大率最小,有时 FN 分量是 FP 分量最大放大率的几倍甚至几十倍。存在如此大的差别的原因可能有两点:一方面是由地震震源辐射机制造成的;另一方面是由计算方式引起的,也就是当在破裂原点处的地震动峰值很小时,以此值为分母进行相比时会得到一个很大的比值。虽然有这些地震本身和计算引起的原因存在,但是仍然可以看出方向性效应对不同分量影响的差异。

　　为了说明方向性效应对地震动反应谱的影响,在平行于断层走向的方向上选取断层距较小的一行观测点,并对其地震动的加速度反应谱进行对比分析,在计算反应谱时均采用 5% 阻尼比。在地表的 278 个观测点中选取平行于断层走向的 G 行观测点 G(1) ~ G(25)(图 1.12),将计算的各观测点的反应谱沿着断层走向表示,以横轴为反应谱的周期 $T$,以纵轴为反应谱的纵坐标值 $S_a$。图 1.16 所示为沿断层走向变化的加速度反应谱。

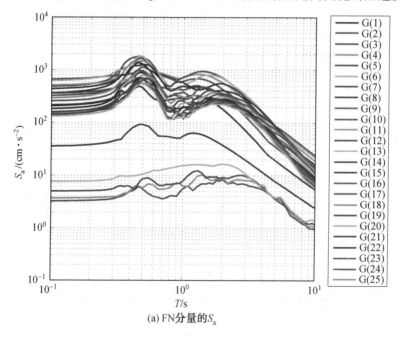

(a) FN 分量的 $S_a$

图 1.16　加速度反应谱沿断层走向变化(FN、FP 和 UP 分量)(彩图见附录)

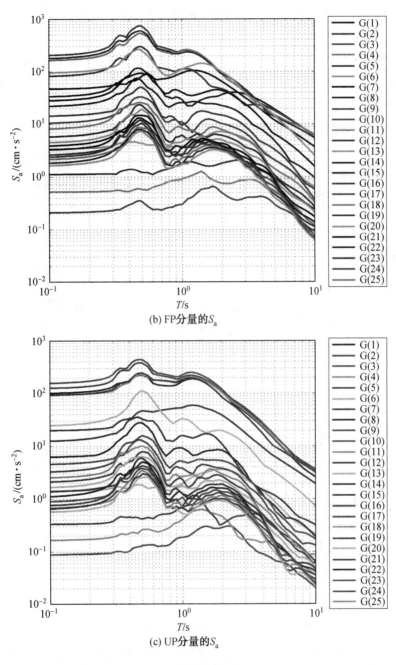

(b) FP 分量的 $S_a$

(c) UP 分量的 $S_a$

续图 1.16

　　方向性效应对反应谱有显著影响,其影响可以从反应谱曲线沿断层走向的变化来分析,对反应谱的影响使得在破裂前方的反应谱在沿断层走向的一定距离内增大,而在破裂后方的反应谱减小。不同分量反应谱的变化特征不同,FN 分量在破裂开始处迅速上升,在约 $X_s = 25$ km 左右,反应谱达到最大,且反应谱在破裂的前方一直保持很高的值,衰减非常慢;对于 FP 和 UP 分量,反应谱在破裂开始处也迅速上升,但是在沿着断层走向距离

$X_s = 10 \sim 20$ km 处,即断层接近末端时就开始迅速衰减,当 $X_s$ 接近 40 km 附近时反应谱已经很快衰减到平均值附近。

　　为了分析破裂的方向性对近断层地震动持时参数的影响,选取 90% 能量持时作为持时的计算方式。为说明持时在沿断层走向的变化,选取靠近断层的 A~G 行(图 1.17)的各观测点,分别计算各观测点的地震动三分量的持时,并且以各观测点的 $X_s$ 坐标为横坐标,以持时为纵坐标表示在图上。

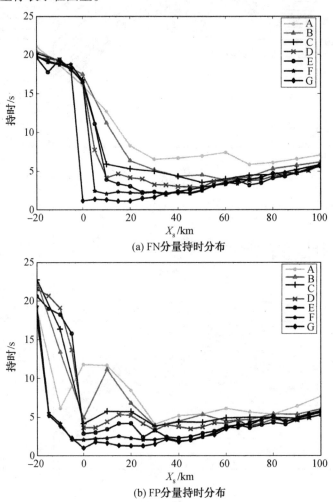

(a) FN 分量持时分布

(b) FP 分量持时分布

图 1.17　加速度持时沿断层走向变化(FN、FP 和 UP 分量)

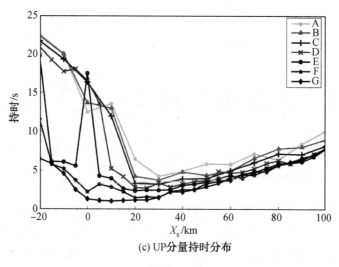

(c) UP分量持时分布

续图 1.17

　　分析持时沿断层走向的变化特性可以看出,方向性效应对地震动的持时有影响,其使得沿着断层破裂方向上的持时分布很不均匀,即在相同的断层距的一行观测点上的持时也会相差很大,而且在破裂后方的持时明显高于破裂前的持时和平均持时。产生此现象的原因是,接近于剪切波速的均一的破裂速度使地震动的能量在很短的时间内同时到达破裂前方的观测点,从而使得地震动的能量分布比较集中;而在破裂后方的观测点的地震动能量分布比较均衡,所以其能量持时相对较大。在破裂的前方,在断层长度及其末端附近区域的地震动持时最短,而后持时逐渐增大,但是与破裂后方的持时相比仍然较小。这一点与地震动的峰值和反应谱值沿断层走向的变化规律相似,即这些参数在方向性效应的显著影响区域内同时达到极值(峰值和反应谱值最大、持时值最小)。从 A～G 行断层距不同的 7 行观测点的地震动持时沿着断层走向的分布还可以发现,断层距越大,地震动的持时越大。从图 1.17 中可以看出,到 $Y$ 轴距离相同的观测点的地震动持时随着距离的增大而增大,比如远离断层的 A 行的持时最大,靠近断层的 G 行的持时最小。

# 第 2 章　震源参数对方向性效应的影响

## 2.1　引　言

破裂方向性效应主要与断层有关,因此断层的运动方式是需要关心的问题。断层运动的影响从破裂过程的震源开始,直到破裂过程及其引起的震动传播过程结束。震源被认为是地震发生的起始位置,是断层开始破裂的地方,因此与震源有关的可以影响方向性效应的因素比较多,其中与震源直接相关的参数是可能产生影响的主要因素。本章将讨论与震源有关的几何参数对方向性效应的影响,包括震源深度的影响、断裂起始位置的影响和断层倾角的影响。

## 2.2　震源深度对方向性效应的影响

### 2.2.1　断层模型

为了考虑震源深度对方向性效应的影响,基于第 1 章建立的基本断层模型,通过改变其上界埋深,从而改变震源深度,其他震源参数不变。断层模型参数如表 2.1 和图 2.1 所示,其中断层上界埋深分别设置为 $Z_F = 0.1$ km、$1.0$ km、$3.0$ km、$5.0$ km 和 $10.0$ km。

表 2.1　断层模型参数

| $M_w$ | $L$ /km | $W$ /km | $M_0$ /(N·m$^{-1}$) | $Z_F$ /km | $H$ /km | $\tau_R$ /s | $D$ /m | $V_R$ /(km·s$^{-1}$) |
|---|---|---|---|---|---|---|---|---|
| 6.4 | 26 | 10 | $5.01\times10^{22}$ | 0.1,1.0,3.0,5.0,10.0 | 5 | 0.75 | 0.58 | $0.9V_S$ |

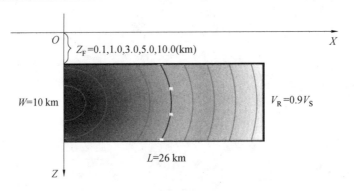

图 2.1　不同震源深度的断层模型

　　基于上述 5 个震源模型,计算了每个模型中 278 个观测点(图 1.12)的三分量(FN、FP 和 UP)加速度时程。为了比较不同震源深度情况下方向性的特点,从地震动的三要素,即峰值、频谱(反应谱)和持时的角度进行逐一分析。

## 2.2.2　峰值分析

### 1. 地震动时程对比

　　对上界埋深 $Z_F = 0.1$ km 和 $Z_F = 5.0$ km 两种情况的地震动时程进行对比。图 2.2 所示为与断层走向平行排列的 F 行奇数观测点的加速度时程曲线,并将同一台站的不同震源深度情况的时程同时表示在一个图中进行对比,实线代表 $Z_F = 0.1$ km 的时程,点划线代表 $Z_F = 5.0$ km 的时程,Max 为时程的峰值。

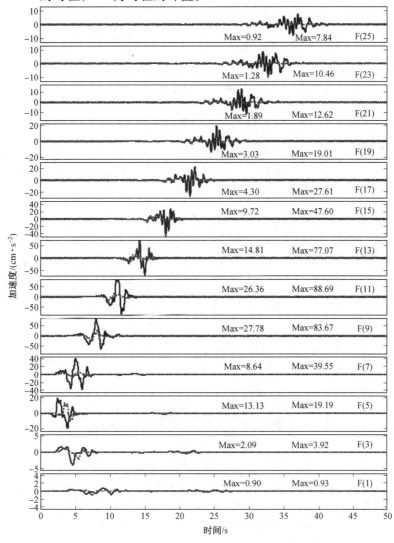

图 2.2　$Z_F = 0.1$ km 和 $Z_F = 5.0$ km 时 F 行奇数观测点的加速度时程(彩图见附录)

从图 2.2 可以看出,震源深度对地震动的峰值影响很大,震源越深观测点的地震动峰值越小。从时程曲线和峰值大小的对比能得到震源深度对方向性效应影响的定量结果,下一部分以不同震源深度情况下相同距离的一行观测点的地震动峰值沿断层走向的变化趋势来分析方向性效应的特征。

**2. 地震动峰值沿断层走向变化对比**

根据图 1.17 观测点的位置分布图,选取靠近断层 G 行 25 个观测点,提取加速度时程每个分量的峰值作为纵坐标,再以观测点沿断层走向到 $Y$ 轴的水平距离 $X_s$ 为横坐标,将对应的峰值沿着断层走向的变化曲线表示在图上。图 2.3 给出了 G 行的 25 个观测点不同震源深度时 FN、FP 和 UP 分量的地震动峰值沿断层走向的变化曲线。

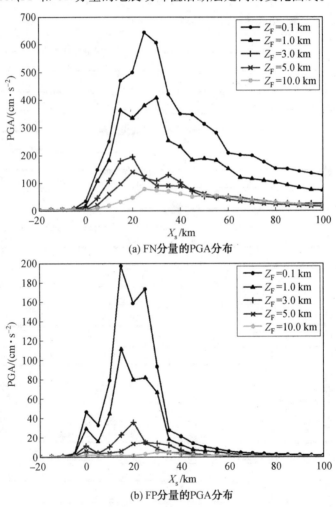

(a) FN分量的PGA分布

(b) FP分量的PGA分布

图 2.3　峰值加速度沿断层走向变化(FN、FP 和 UP 分量)

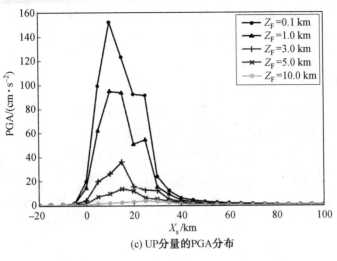

(c) UP分量的PGA分布

续图 2.3

　　根据不同震源深度的模型得到的峰值及其沿着走向的变化,可以看出震源深度对地震动的影响,即震源越靠近地表,地震动的峰值(包括破裂前方和破裂后方)越大。但是仅凭这一点并不能说明震源越靠近地表,方向性效应就越明显,因为即使破裂前方的峰值很小,也可能有方向性效应,也就是说表征方向性效应大小的参数不应该只是破裂前方地震动大小的绝对值,而是其与破裂后方或者所谓中性区域地震动相应参数的对比值。

　　将破裂起始点位置处 G(5) 的地震动峰值作为基准值,依此值为基准对沿走向分布的 G(1) ~ G(25) 各点的峰值进行标准化,得到沿断层走向变化的峰值放大或缩小率。基于分析结果可以发现,震源的深度对地震动的峰值大小影响明显,一般来说,随着震源深度的增加地震动的峰值降低。计算表明,随着震源深度的增加,峰值放大率的值并没有降低,通过峰值比反映出来的方向性效应并没有随着震源深度的增加而减弱,甚至有时震源深度值越大,表征方向性特征的峰值放大率越大。随着震源深度的增加,方向性效应的"显著影响区域,即等值线图的区域"向破裂前方移动。方向性效应的影响范围可以用"显著影响角"来说明(图 2.4)。"显著影响角"是指方向性效应引起的地表地震动场在

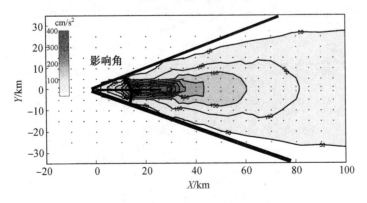

图 2.4　方向性效应显著影响角示意图

破裂开始向外辐射区域的等值线最大边界切线之间的夹角,这个向外辐射区域的等值线的最大边界取决于一个给定的比值,比如达到峰值场最高值的 1/5～1/10 时的等值线的边界等。

### 3. 地震动峰值场对比

以上从地震动峰值随沿断层走向变化角度分析了震源深度对方向性效应的影响,具体来讲是地震动峰值在平行断层走向的一条线上随距离的变化趋势。为了给出整个地表面上峰值的变化结果,分析地震动在整个地表面上的分布特征。图 2.5 为地震动峰值加速度等值线图。UP 分量的特点与 FP 比较类似,此处没有将图列出。图中包括 5 个不同深度情况下的峰值场等值线图,分别为上界埋深 0.1 km、1.0 km、3.0 km、5.0 km 和 10.0 km 的相应等值线图。

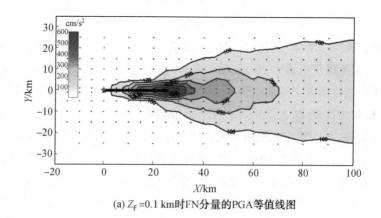

(a) $Z_F = 0.1$ km时FN分量的PGA等值线图

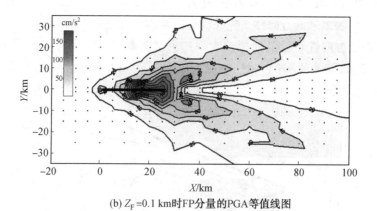

(b) $Z_F = 0.1$ km时FP分量的PGA等值线图

图 2.5　$Z_F = 0.1 \sim 10.0$ km 时峰值加速度等值线图

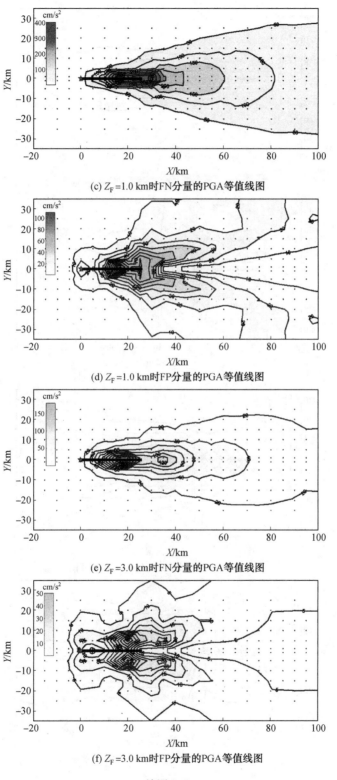

(c) $Z_F$ =1.0 km时FN分量的PGA等值线图

(d) $Z_F$ =1.0 km时FP分量的PGA等值线图

(e) $Z_F$ =3.0 km时FN分量的PGA等值线图

(f) $Z_F$ =3.0 km时FP分量的PGA等值线图

续图 2.5

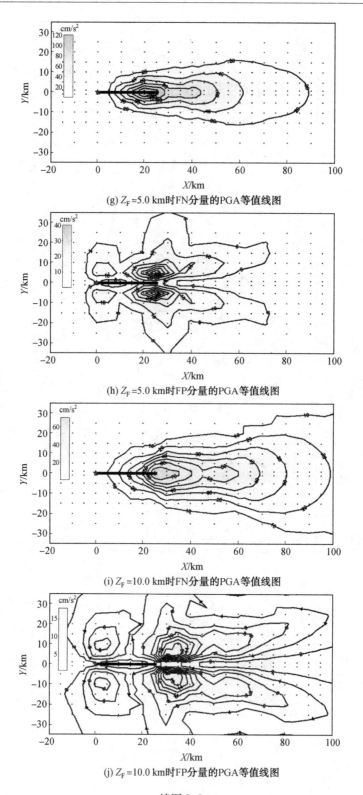

(g) $Z_F$=5.0 km时FN分量的PGA等值线图

(h) $Z_F$=5.0 km时FP分量的PGA等值线图

(i) $Z_F$=10.0 km时FN分量的PGA等值线图

(j) $Z_F$=10.0 km时FP分量的PGA等值线图

续图 2.5

对不同震源深度的峰值场的对比表明,震源深度是影响地震动及其方向性效应的重要参数。随着震源深度的增加,地震动的峰值在减弱,但是方向性效应依然存在,也就是破裂前后方的地震动差异依然明显。震源深度的变化对各个方向的分量都有影响,但是从峰值场的变化来看,其对 FN 分量的影响尤为显著。随着震源深度的增加,在破裂方向上的"显著影响区域"在逐渐向破裂前方移动。方向性效应影响的范围随着震源深度的增加逐渐增大。显然随着震源深度的增大,震源的辐射范围也在增大,因此随着其在各个方向的辐射范围的逐渐扩大,在地表表现为影响范围逐渐向断层两侧扩展,即显著影响角扩大。需要说明的是,虽然随着震源深度的增加,方向性效应的影响范围扩大了,但是地震动的幅值并没有增大。

### 2.2.3 反应谱分析

图 2.6 给出了不同震源深度引起的 G 行观测点的加速度反应谱沿着断层走向的变化,以 FN 分量为例(FP 和 UP 分量情况类似),图中为了容易分辨仅给出了其中三个震源深度情况下的反应谱($Z_F$=0.1 km、3.0 km 和 10.0 km)。通过各深度反应谱沿走向的变化及不同震源深度的各周期的谱值沿断层走向的变化,可以看出不同震源深度造成的加速度反应谱均在破裂开始处迅速上升,并且不同震源深度造成的反应谱沿着破裂方向的变化趋势相似,即反应谱的整体衰减很慢。不同震源深度条件下各周期对应的反应谱值沿断层走向的变化趋势相似。

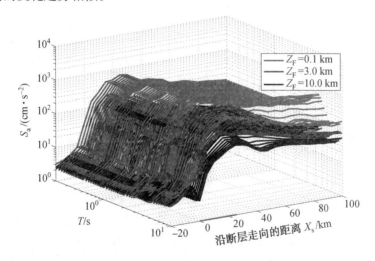

图 2.6 不同震源深度时加速度反应谱沿断层走向变化(FN 分量)(彩图见附录)

### 2.2.4 持时分析

分别从持时沿着断层走向的变化和整个地表观测点的持时分布场的角度,分析震源深度对方向性效应的影响。

**1. 持时沿断层走向变化对比**

选取靠近 G 行的观测点在不同震源深度时的加速度时程的持时进行分析,将不同震源深度时的持时表示在图 2.7 中。从不同分量的持时随深度的变化特征来看,对于 FN 分量,随着震源深度的增大,当距离较大时,在破裂前方的持时显示出区别,当断层上界埋深达到 10.0 km(一倍的断层宽度)时,其破裂前方的持时与其他深度情况相比又减小到最小。震源的深度对 FP 分量的影响也有与 FN 分量类似的特点,但是震源深度对 UP 分量的持时影响不大。从各分量的共同特征来看,持时均在破裂前方的方向性效应显著影响区域有最小值,而后随着沿断层走向的距离增大而逐渐增大。

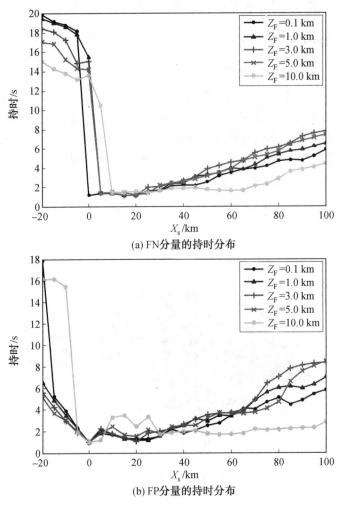

(a) FN 分量的持时分布

(b) FP 分量的持时分布

图 2.7　不同震源深度时加速度持时沿断层走向变化(FN、FP 和 UP 分量)

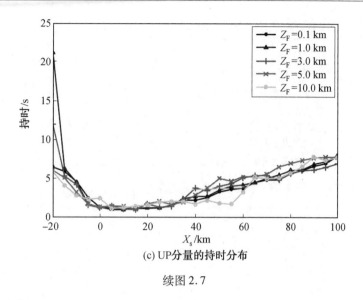

(c) UP 分量的持时分布

续图 2.7

## 2. 持时场对比

将各观测点地震动时程的持时表示在地表平面上,通过插值得到加速度不同分量的持时场。图 2.8 以地震动加速度为例给出了 FN 和 FP 分量在各震源深度情况下持时等值线图($Z_F=0.1$ km、$1.0$ km、$3.0$ km、$5.0$ km 和 $10.0$ km)。由于震源深度对 UP 分量的持时影响较小,因此未列出 UP 分量的持时对比图。

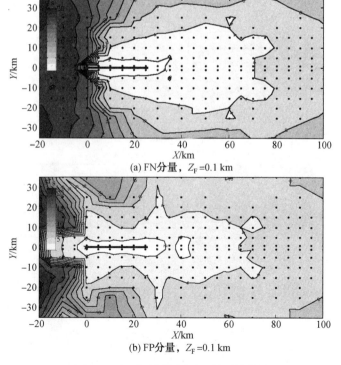

(a) FN 分量,$Z_F=0.1$ km

(b) FP 分量,$Z_F=0.1$ km

图 2.8　各震源深度情况下持时等值线

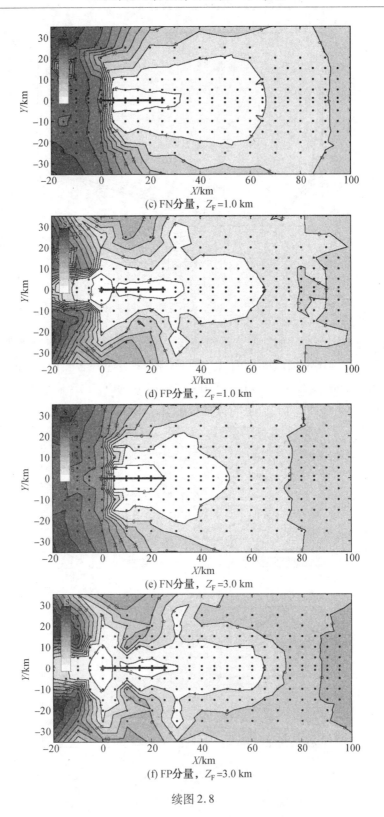

(c) FN分量，$Z_F = 1.0$ km

(d) FP分量，$Z_F = 1.0$ km

(e) FN分量，$Z_F = 3.0$ km

(f) FP分量，$Z_F = 3.0$ km

续图 2.8

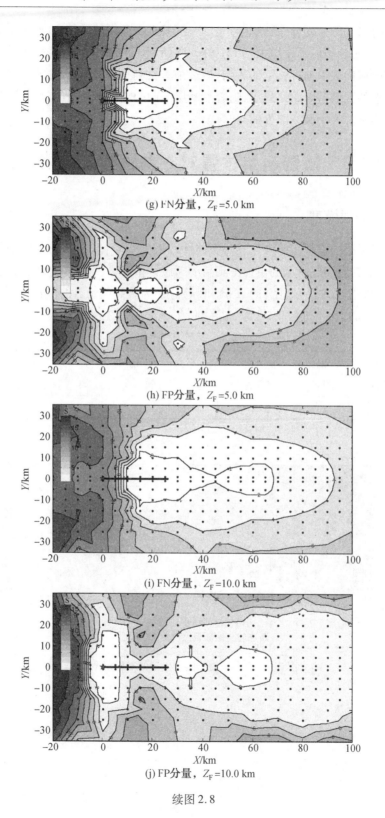

(g) FN分量，$Z_F$ =5.0 km

(h) FP分量，$Z_F$ =5.0 km

(i) FN分量，$Z_F$ =10.0 km

(j) FP分量，$Z_F$ =10.0 km

续图 2.8

对整个持时场的空间分布特征分析表明,随着震源深度的增加,在破裂前方的持时有增加的趋势,但是当震源深度增大到 15.0 km 时(1.5 倍的断层宽度),由于受到方向性效应显著影响区域向破裂前方移动的影响,破裂前方的持时又减小。在破裂前方受方向性效应显著影响的区域持时始终最小,随着沿断层走向距离的增大持时逐渐增大,但是破裂后方的持时始终要大于破裂前方的持时。

## 2.3　破裂起始位置对方向性效应的影响

### 2.3.1　断层模型

为了考虑断层的破裂起始点位置对方向性效应的影响,基于第 1 章建立的基本断层模型,通过改变其破裂起始点的位置得到新的断层模型参数。断层模型参数见表 2.2,建立的断层模型如图 2.9 所示,图(a)、(b)和(c)分别为破裂起始点的位置在断层下倾方向的中心($H=5$ km)、中下部($H=7$ km)和底部($H=9$ km)的工况。

表 2.2　断层模型参数

| $M_w$ | $L$ /km | $W$ /km | $M_0$ /(N·m$^{-1}$) | $Z_F$ /km | $H$ /km | $\tau_R$ /s | $D$ /m | $V_R$ /(km·s$^{-1}$) |
|---|---|---|---|---|---|---|---|---|
| 6.4 | 26 | 10 | $5.01\times10^{22}$ | 0.1 | 5,7,9 | 0.75 | 0.58 | $0.9V_S$ |

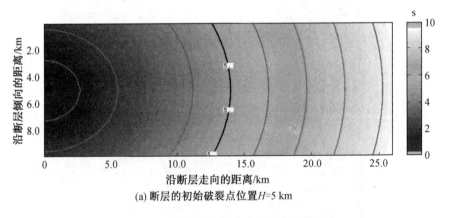

(a) 断层的初始破裂点位置 $H=5$ km

图 2.9　不同破裂起始点位置的断层模型

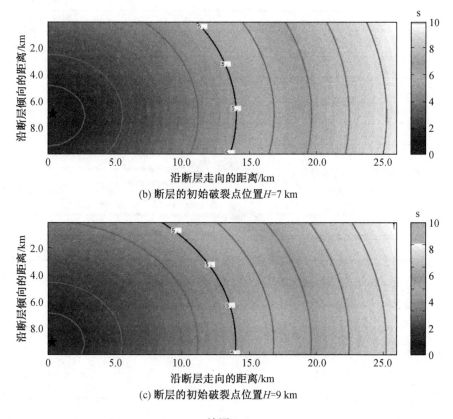

(b) 断层的初始破裂点位置 $H$=7 km

(c) 断层的初始破裂点位置 $H$=9 km

续图 2.9

基于上述 3 个断层模型,计算了每个模型中的 278 个观测点(图 1.17)的三分量(FN、FP 和 UP)加速度时程。为了比较不同破裂起始点位置情况下方向性的特点,从地震动的三要素,即峰值、频谱和持时的角度进行逐一分析。

## 2.3.2　峰值分析

### 1. 地震动时程对比

对比破裂起始点位于断层的中部( $H$ =5 km)和底部( $H$ =9 km)两种情况的地震动时程。图 2.10 给出了与断层走向平行排列的 F 行观测点的加速度时程曲线,并将同一台站记录的不同初始破裂位置情况下的时程同时表示在一个图中进行对比,实线代表 $H$ =5 km 的时程,点划线代表 $H$ =9 km 的时程,Max 为时程的最大幅值。从图 2.10 可以看出,断层的破裂起始点位置对地震动的峰值有一定影响,破裂起始点越靠近地表,地震动的峰值越大。

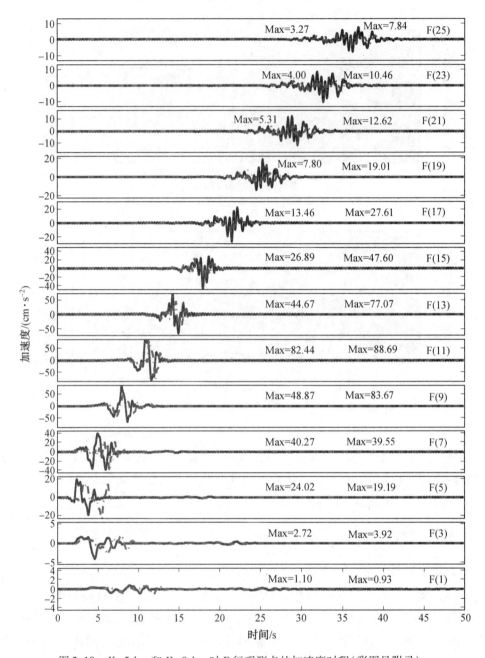

图 2.10　$H=5$ km 和 $H=9$ km 时 F 行观测点的加速度时程(彩图见附录)

**2. 地震动峰值沿断层走向变化对比**

选取靠近断层 G 行的 25 个观测点,在不同破裂起始点位置模型下的地震动峰值沿断层走向的变化曲线如图 2.11 所示。

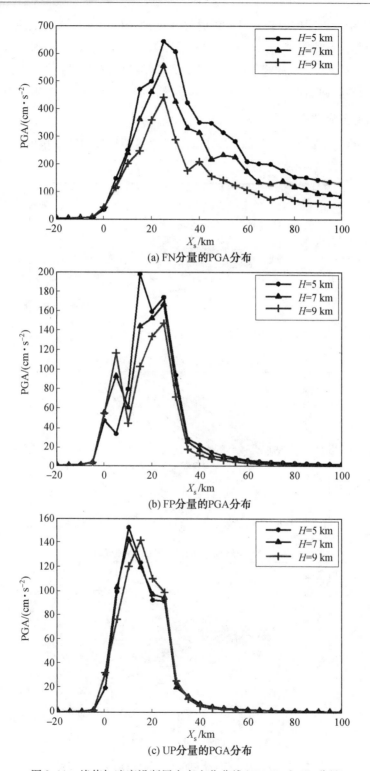

(a) FN分量的PGA分布

(b) FP分量的PGA分布

(c) UP分量的PGA分布

图 2.11　峰值加速度沿断层走向变化曲线（FN、FP 和 UP 分量）

　　图 2.11 所示为不同破裂起始点位置时加速度的峰值沿断层走向的变化曲线。通过对比不同破裂起始点位置时加速度的各分量沿断层走向的特点可以发现,断层的破裂起始点位置对地震动 FN 分量的峰值影响较大,即随着初始破裂位置的下移,地震动 FN 分量的峰值降低,破裂起始点的位置对 UP 分量的影响很小,对 FP 分量的影响居中。

**3. 地震动峰值场对比**

　　图 2.12 所示为加速度的 FN 和 UP 分量的峰值等值线图,FP 分量的特点介于 FN 和 UP 分量之间,这里没有将图列出。

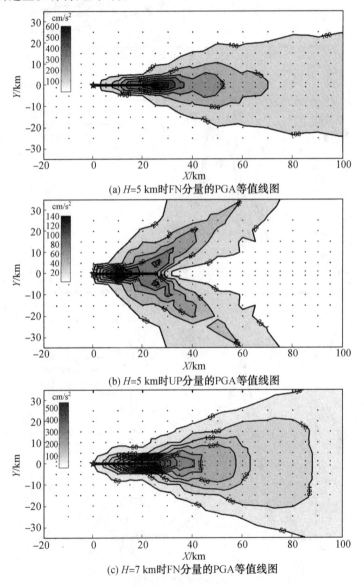

图 2.12　$H=5$ km、7 km 和 9 km 时峰值加速度等值线

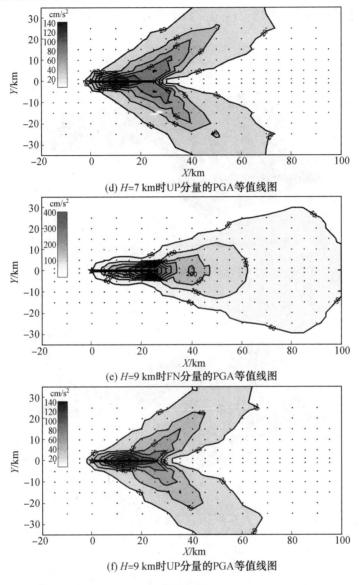

(d) $H$=7 km时UP分量的PGA等值线图

(e) $H$=9 km时FN分量的PGA等值线图

(f) $H$=9 km时UP分量的PGA等值线图

续图 2.12

　　对地震动峰值场特点的分析表明,断层上破裂起始点的位置对地震动峰值场的影响主要体现在峰值的大小上,对 FN、FP 和 UP 分量的影响依次减弱。破裂起始点越深,地表地震动的峰值越小,但破裂前、后方地震动之间的方向性差别依然存在,并且破裂起始点对此影响不大。

### 2.3.3　反应谱分析

　　将 G 行观测点的不同初始破裂位置的各反应谱沿断层走向表示在图 2.13 中,由上至下分别为 FN、FP 和 UP 分量的加速度反应谱。随着破裂初始位置的下移,各观测点和各周期对应的反应谱值降低,但是其沿破裂方向的变化趋势没有改变,说明断层的初始破裂位置对反应谱沿破裂方向的方向性特征影响不大。

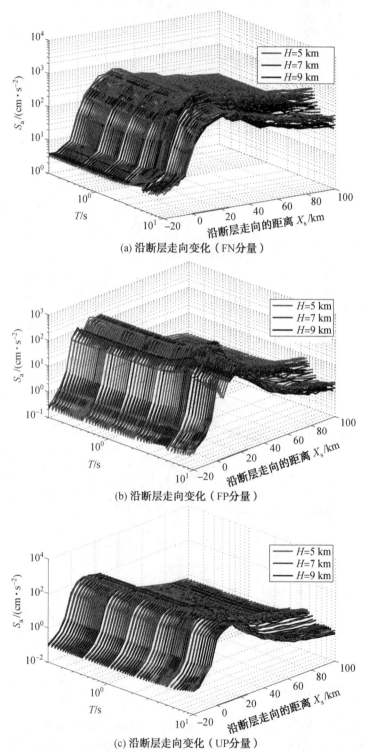

图 2.13　不同破裂起始点位置时加速度反应谱沿断层走向变化(FN、FP 和 UP 分量)(彩图见附录)

### 2.3.4　持时分析

**1.持时沿断层走向变化对比**

如图 2.14 所示,将不同破裂起始位置时地表观测点 G 行的各点地震动的持时表示在图上,可以看出同震源深度对持时沿断层走向变化的影响类似,初始破裂位置的下移使得各分量的持时在破裂的前方略有增大,但是变化幅度不大。

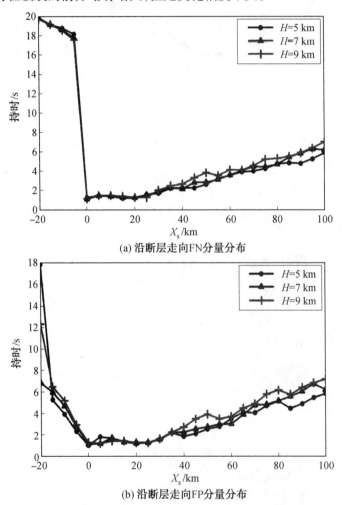

(a) 沿断层走向FN分量分布

(b) 沿断层走向FP分量分布

图 2.14　不同破裂起始位置时加速度持时沿断层走向变化(FN、FP 和 UP 分量)

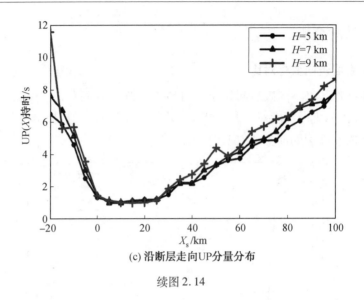

(c) 沿断层走向UP分量分布

续图 2.14

## 2. 持时场对比

图 2.15 所示为加速度 FN 分量的持时等值线图,FP 和 UP 分量有类似的结果。对比表明,断层的破裂起始点位置对持时的方向性影响不大,随着破裂起始位置的下移,地震动的持时略有增加。

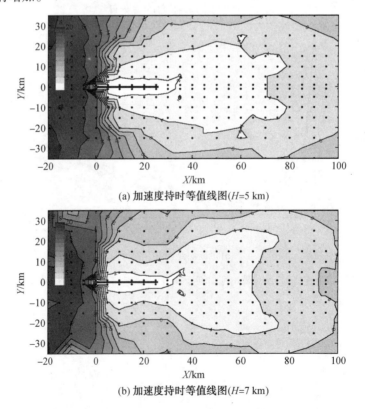

(a) 加速度持时等值线图(H=5 km)

(b) 加速度持时等值线图(H=7 km)

图 2.15  H=5 km、7 km 和 9 km 时峰值加速度持时等值线(FN 分量)

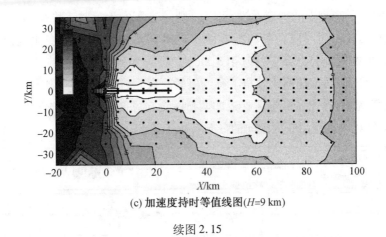

(c) 加速度持时等值线图(H=9 km)

续图 2.15

# 2.4　倾角对方向性效应的影响

## 2.4.1　断层模型

由于实际的断层破裂往往是有一些倾角的,为了研究不同倾角对方向性效应的影响,采用 5 个倾角从 5°到 90°的倾斜走滑断层。断层的倾角分别设置为 $\alpha = 5°、25°、45°、65°$ 和 90°。其他震源参数同表 2.1,断层模型和计算参数如图 2.16 所示。

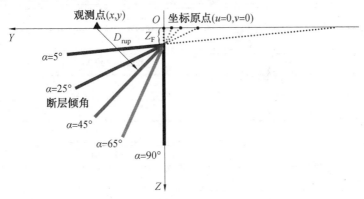

图 2.16　不同倾角的走滑断层模型

基于上述 5 个断层模型,计算每个模型中 278 个观测点加速度的三分量(FN、FP 和 UP)加速度时程。为了比较不同倾角时方向性效应的特点,从地震动的三要素,即峰值、频谱和持时的角度进行逐一分析。

## 2.4.2　峰值分析

### 1.地震动时程的对比

当断层的倾角改变时,地表固定观测点的断层距也将发生改变,因此如果在不同倾角下选用相同的一行观测点的地震动进行比较,则较难真实地反映不同倾角对破裂方向性的影响。观测具有相同断层距的一行观测点的地震动沿着走向的变化规律,在倾角为25°时选取 E 行的观测点(断层距为4.3 km)和倾角为65°时 F 行的观测点(断层距为4.5 km)进行对比。两行在不同倾角下有近似的断层距,因此具有可比性。图2.17 以倾角为25°和65°为例,给出了断层距接近的两行沿走向方向的地震动加速度时程。可以看出,断层的倾角对地震动沿断层走向的分布有一定影响。

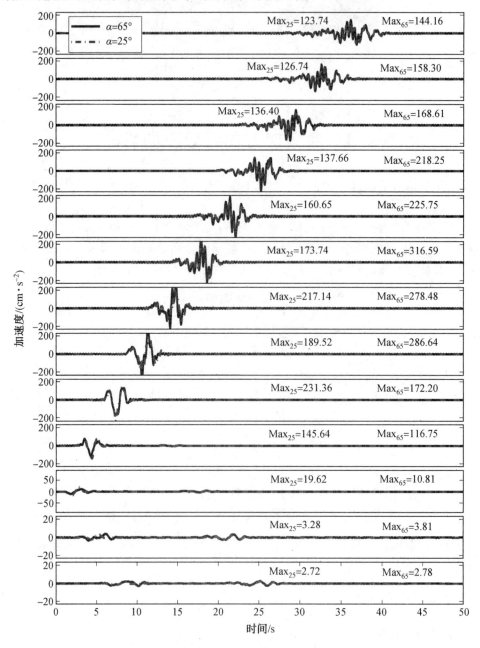

图 2.17　倾角为 25°和 65°时断层距相近的两行观测点的加速度时程(彩图见附录)

**2. 地震动峰值沿断层走向变化的对比**

图 2.18 所示为断层距近似的两行观测点在不同倾角下的 FN、FP 和 UP 分量的地震动峰值沿断层走向的变化曲线。对比分析发现，断层的倾角对地震动的方向性效应有比较重要的影响，断层倾角越大，地震动的 FN 分量方向性越明显；断层倾角越小，地震动的 UP 分量的方向性效应越明显。

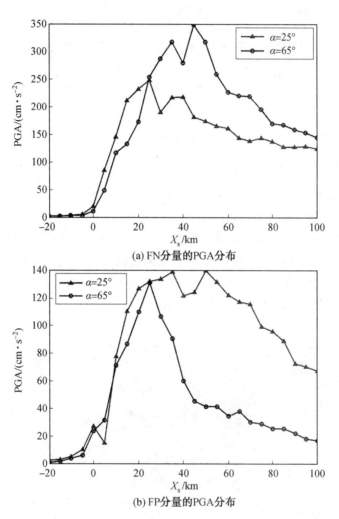

(a) FN分量的PGA分布

(b) FP分量的PGA分布

图 2.18　峰值加速度沿断层走向变化(FN、FP 和 UP 分量)

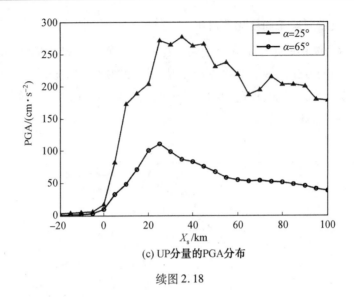

(c) UP分量的PGA分布

续图 2.18

### 3. 地震动峰值场对比

图 2.19 所示为倾角为 5°、25°、45°、65° 和 90° 时地震动加速度 FN 和 UP 分量的峰值加速度等值线图，FP 分量有类似的特点，这里没有将图列出。结果表明，当断层的倾角很小时，地震动 FN 和 FP 分量的方向性也很小，加速度的最大峰值主要集中在断层长度的附近，在破裂前方的峰值很快衰减到很小，但是随着倾角的增大，FN 和 FP 分量的方向性效应逐渐体现出来。而对于 UP 分量则相反，当倾角在 5° 和 25° 时其峰值达到了近 0.8$g$，此时 FP 和 FN 分量的最大峰值约为 0.6$g$ 和 0.4$g$。

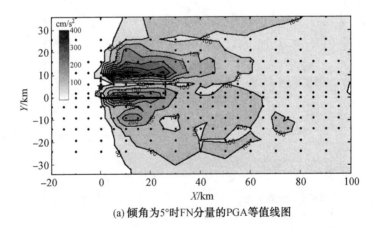

(a) 倾角为5°时FN分量的PGA等值线图

图 2.19  倾角为 5°、25°、45°、65° 和 90° 时峰值加速度等值线

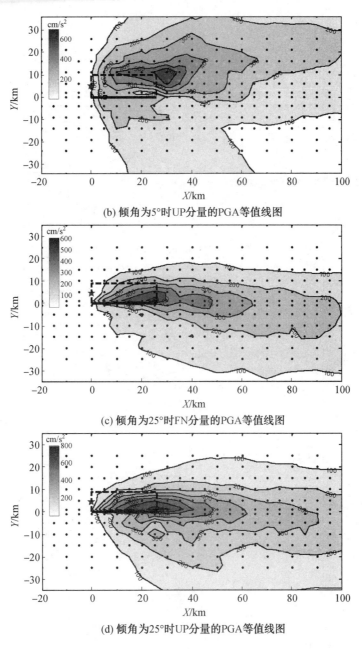

(b) 倾角为5°时UP分量的PGA等值线图

(c) 倾角为25°时FN分量的PGA等值线图

(d) 倾角为25°时UP分量的PGA等值线图

续图 2.19

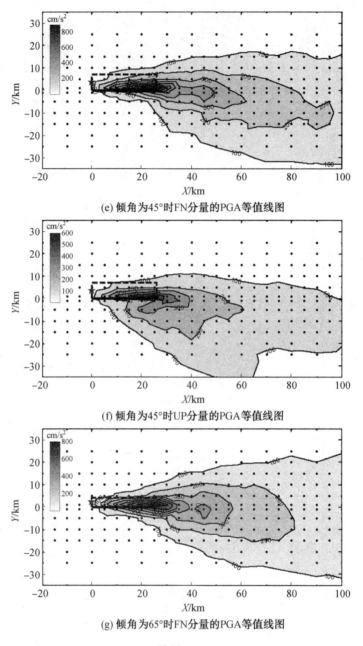

(e) 倾角为45°时FN分量的PGA等值线图

(f) 倾角为45°时UP分量的PGA等值线图

(g) 倾角为65°时FN分量的PGA等值线图

续图 2.19

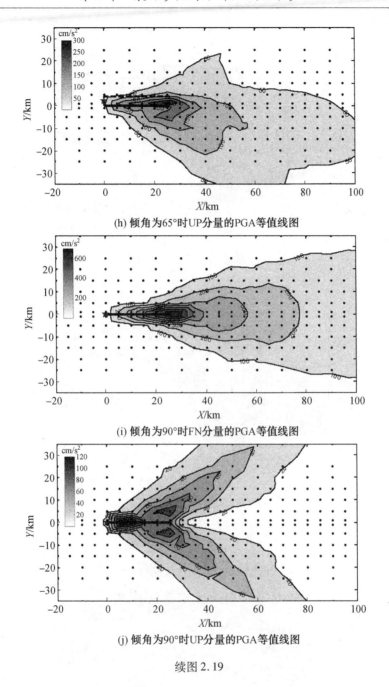

(h) 倾角为65°时UP分量的PGA等值线图

(i) 倾角为90°时FN分量的PGA等值线图

(j) 倾角为90°时UP分量的PGA等值线图

续图2.19

## 2.4.3 反应谱分析

图2.20所示为断层距接近的两行观测点在不同倾角下的反应谱沿断层走向的变化情况。结果表明,断层的倾角越小,地震动的 UP 分量越大;断层的倾角越大,FN 分量越大。倾角较大时方向性效应主要体现在 FN 分量上,而倾角较小时,方向性主要体现在 UP 和 FP 分量上。

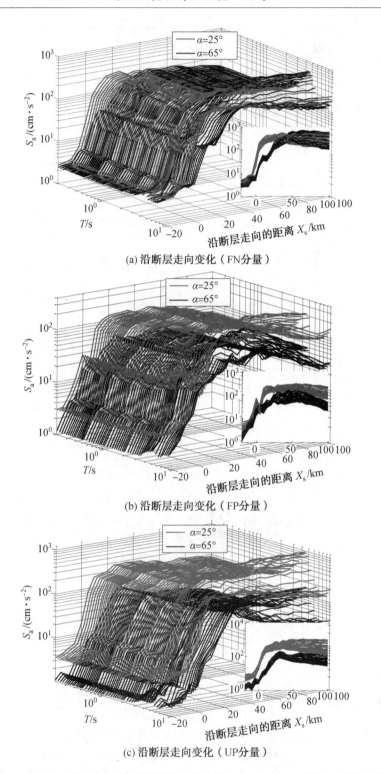

(a) 沿断层走向变化（FN分量）

(b) 沿断层走向变化（FP分量）

(c) 沿断层走向变化（UP分量）

图 2.20　不同倾角时加速度反应谱沿断层走向变化（FN、FP 和 UP 分量）（彩图见附录）

## 2.4.4　持时分析

### 1. 持时沿走向变化对比

将断层倾角为25°和65°时断层距相近的两行的地震动持时沿断层走向的变化表示在图2.21中,FN和UP分量的持时沿断层走向的变化特点表明倾角对断层距相近的观测点的持时影响不大,但仍有些区别。对于FN分量,断层倾角较大的地震动持时的方向性更明显;对于UP分量,倾角较小的地震动持时的方向性更明显。

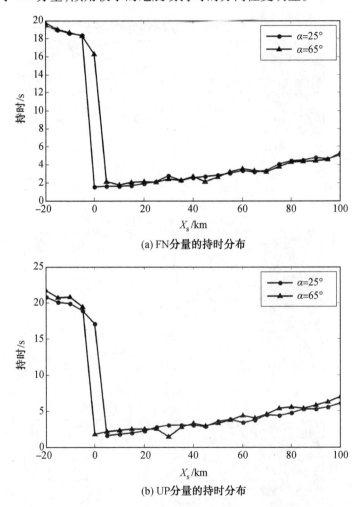

(a) FN分量的持时分布

(b) UP分量的持时分布

图2.21　不同倾角时加速度持时沿断层走向变化(FN、UP分量)

### 2. 持时场对比

将倾角为5°~90°情况时地震动持时的等值线图进行对比(图2.22),选取加速度持时的FN分量进行说明,对于FN分量,随着倾角的加大,方向性变得明显。

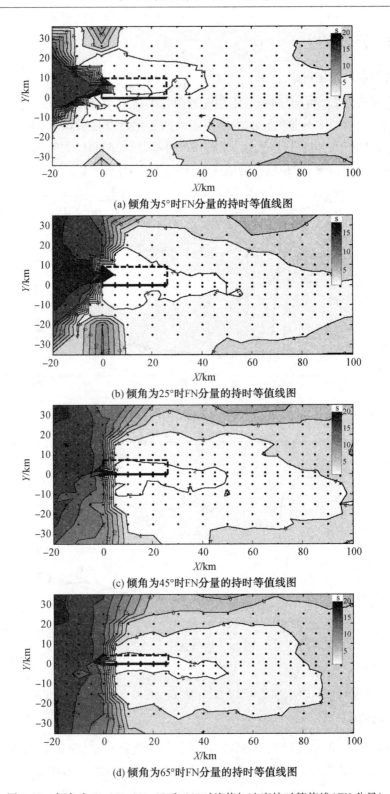

(a) 倾角为5°时FN分量的持时等值线图

(b) 倾角为25°时FN分量的持时等值线图

(c) 倾角为45°时FN分量的持时等值线图

(d) 倾角为65°时FN分量的持时等值线图

图 2.22　倾角为 5°、25°、45°、65°和 90°时峰值加速度持时等值线（FN 分量）

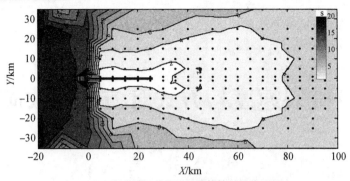

(e) 倾角为90°时FN分量的持时等值线图

续图 2.22

# 第3章 破裂速度与方式对方向性效应的影响

## 3.1 引 言

在第 2 章中讨论了震源的一些参数对方向性效应的影响,本章将讨论一些其他的因素。很显然,如果断层破裂速度发生变化,方向性效应的后果将会有所改变。另外,断层的破裂方式(如单侧破裂和双侧破裂)也会对方向性效应的后果产生影响。为了解这些因素对方向性效应的影响,本章将讨论与震源有关的运动参数和形式对方向性效应的影响,包括破裂的速度和方式。

## 3.2 不同破裂速度对方向性效应的影响

### 3.2.1 断层模型

为了考虑不同破裂速度对方向性效应的影响,基于第 1 章建立的基本断层模型,通过改变其破裂速度,得到新的断层模型。假设断层的破裂速度分别为 0.7、0.8、0.9 和 0.925 倍的剪切波速,并且假设破裂速度均一,即破裂过程中破裂速度为常值。断层模型参数见表 3.1,图 3.1 给出了不同破裂速度的断层破裂时间的等值线图。

表 3.1 断层模型参数

| $M_w$ | $L$ /km | $W$ /km | $M_0$ /(N·m$^{-1}$) | $Z_F$ /km | $H$ /km | $\tau_R$ /s | $D$ /m | $V_R$ /(km·s$^{-1}$) |
|---|---|---|---|---|---|---|---|---|
| 6.4 | 26 | 10 | $5.01\times10^{22}$ | 0.1 | 5 | 0.75 | 0.58 | $0.7V_S,0.8V_S,0.9V_S,0.925V_S$ |

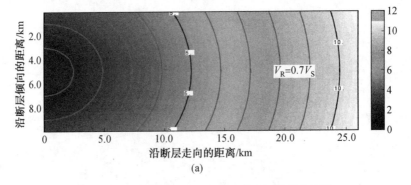

(a)

图 3.1 不同破裂速度的断层破裂时间的等值线图

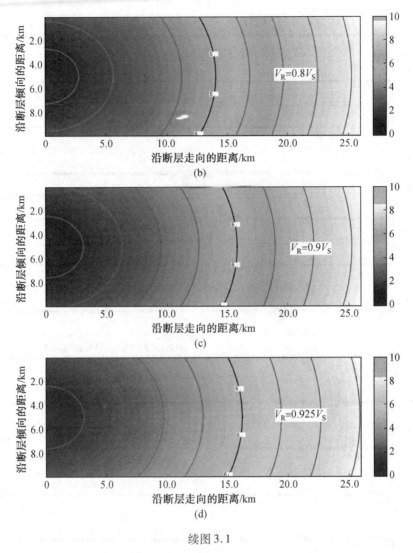

续图 3.1

　　基于上述 4 个断层模型,分别计算每个模型下的 278 个观测点(图 1.17)的三分量 (FN、FP 和 UP)加速度时程。为了比较不同破裂速度对方向性效应的影响,从地震动的 三要素,即峰值、频谱和持时的角度进行逐一分析。

## 3.2.2　峰值分析

### 1.地震动时程对比

　　图 3.2 给出了与断层走向平行排列的 G 行观测点的加速度时程曲线,并将同一台站 记录的不同破裂速度情况的时程表示在同一个图中,点划线代表 $V_R = 0.7V_S$ 的时程,实线 代表 $V_R = 0.925V_S$ 的时程,Max1 和 Max2 分别为 $0.7V_S$ 和 $0.925V_S$ 时时程的峰值。从图 3.2 可以看出,断层的破裂速度对地震动加速度的峰值影响很大,随着破裂速度的增大,地 震动的峰值逐渐增大。

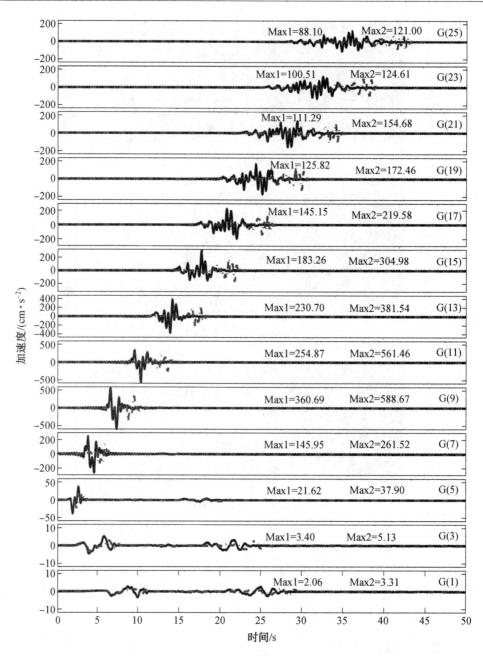

图 3.2　$V_R = 0.7V_S$ 和 $V_R = 0.925V_S$ 时 G 行观测点的加速度时程(彩图见附录)

### 2. 地震动峰值沿断层走向变化对比

根据图 1.17 观测点的位置分布图,选取靠近断层的 G 行的 25 个观测点,图 3.3 给出了 G 行 25 个观测点不同破裂速度时 FN、FP 和 UP 分量的峰值沿断层走向的变化曲线。

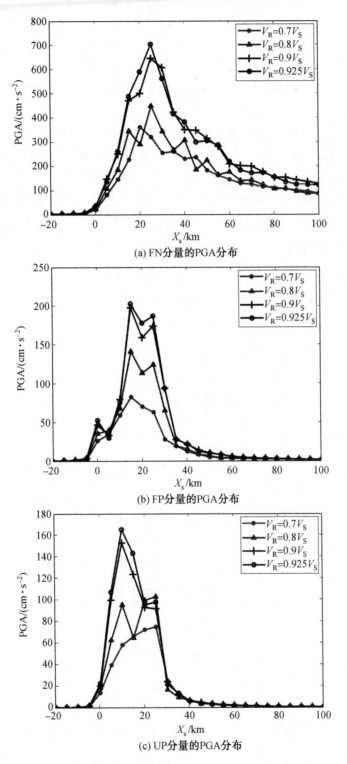

(a) FN分量的PGA分布

(b) FP分量的PGA分布

(c) UP分量的PGA分布

图 3.3  峰值加速度沿断层走向变化（FN、FP 和 UP 分量）

破裂速度对地震动的方向性效应有明显的影响,破裂速度越接近于剪切波速,地震动的峰值越大。当破裂速度为 0.9 倍剪切波速时,最大的峰值加速度是破裂速度为 0.7 倍的剪切波速时的 1.6 倍。当其他震源参数不变时,破裂速度越接近剪切波速,从断层上不同破裂点传播到观测点的地震波的时间间隔越小,地震动的能量积累效应就越明显,峰值也越大。破裂速度对不同分量的影响程度和范围不一样,地震动的 FN 分量与 FP 分量有明显的差别。一方面,FN 分量的峰值明显高于 FP 分量;另一方面,方向性对 FN 分量和 FP 分量的显著影响区域不同。对于 FN 分量,地震动峰值衰减得比较慢,在破裂前方的 3 倍断层长度处峰值依然很高;而对于 FP 分量,在 1.5 倍断层长度的区域地震动的峰值已经衰减到接近破裂开始处。破裂速度对 FN 峰值的影响可表现在从破裂开始到几倍的断层长度处,而对 FP 峰值的影响主要表现在破裂末端附近的显著影响区域。

**3. 地震动峰值场的对比**

图 3.4 给出了加速度的 FN 和 FP 分量的等值线分布图,图中每一列包括 4 个破裂速度的等值线图,破裂速度 $V_R$ 为 $0.7V_S$、$0.8V_S$、$0.9V_S$ 和 $0.925V_S$。

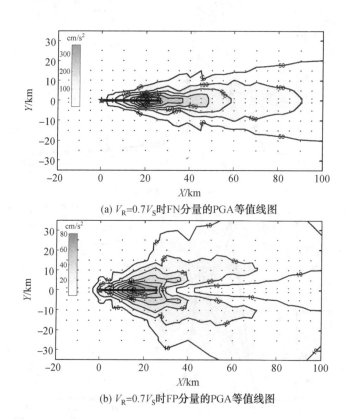

(a) $V_R=0.7V_S$ 时 FN 分量的 PGA 等值线图

(b) $V_R=0.7V_S$ 时 FP 分量的 PGA 等值线图

图 3.4 $V_R$ 为 $0.7V_S$、$0.8V_S$、$0.9V_S$ 和 $0.925V_S$ 时峰值加速度等值线

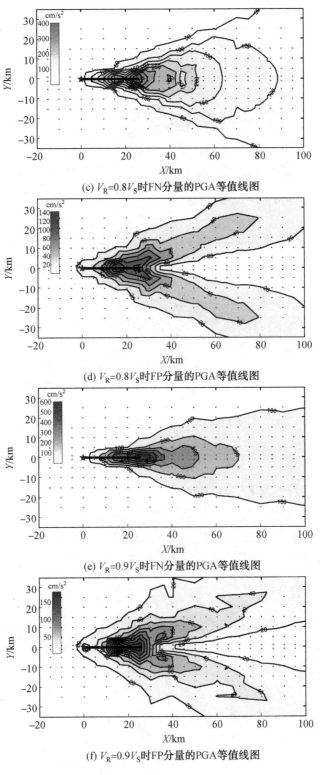

(c) $V_R=0.8V_S$时FN分量的PGA等值线图

(d) $V_R=0.8V_S$时FP分量的PGA等值线图

(e) $V_R=0.9V_S$时FN分量的PGA等值线图

(f) $V_R=0.9V_S$时FP分量的PGA等值线图

续图 3.4

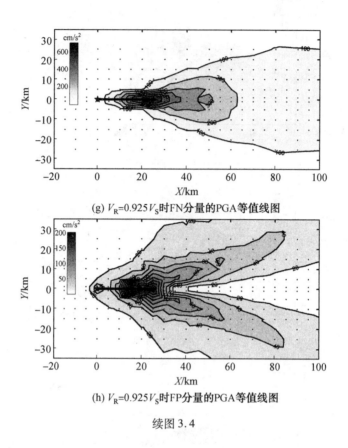

(g) $V_R=0.925V_S$时FN分量的PGA等值线图

(h) $V_R=0.925V_S$时FP分量的PGA等值线图

续图3.4

　　由于UP分量的特点与FP分量类似,因此这里没有将图列出。不同破裂速度下峰值场的特征表明破裂速度对地震动的峰值影响显著,随着破裂速度的增大,地震动的峰值逐渐增大,地震动场的整体强度也逐渐增大。而且破裂速度的变化对地震动加速度各分量都有相似的影响,但是不同破裂速度下的显著影响区域并没有太大差别。

### 3.2.3　反应谱分析

　　将G行观测点不同破裂速度时加速度反应谱沿断层走向的变化表示在图3.5中。结果表明,破裂速度对反应谱的影响主要体现在反应谱的谱值大小上,随着破裂速度的增大反应谱谱值加大,但反应谱的变化趋势比较相似。

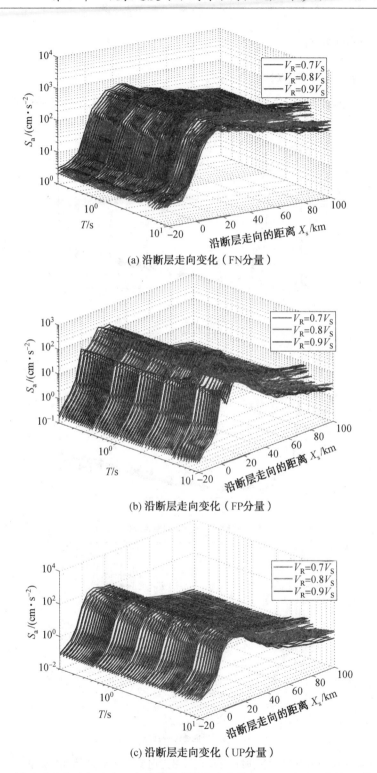

(a) 沿断层走向变化（FN分量）

(b) 沿断层走向变化（FP分量）

(c) 沿断层走向变化（UP分量）

图 3.5　不同破裂速度时加速度反应谱值沿断层走向变化（FN、FP 和 UP 分量）（彩图见附录）

### 3.2.4　持时分析

**1. 持时沿断层走向变化对比**

将不同破裂速度时地表观测点 G 行各点的地震动持时表示在图 3.6 上。从各分量

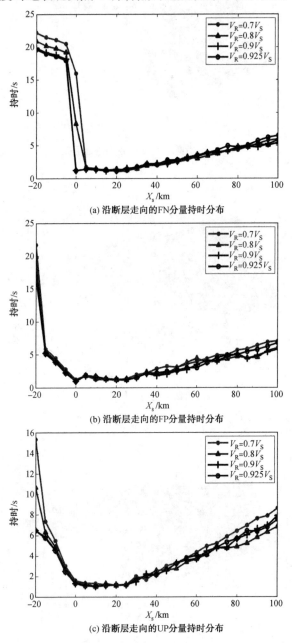

(a) 沿断层走向的FN分量持时分布

(b) 沿断层走向的FP分量持时分布

(c) 沿断层走向的UP分量持时分布

图 3.6　不同破裂速度时加速度持时沿走向变化(FN、FP 和 UP 分量)

的共同特征来看,持时均在破裂前方的方向性效应显著影响区域有最小值,而后随着沿断
层走向的距离增大而逐渐增大。

**2. 持时场对比**

从图 3.7 所示持时沿断层走向的分布图和等值线图中可以看出,破裂速度对持时沿
断层走向的变化影响不明显,随着破裂速度的增加,地震动的持时在破裂前方略有减小,
在破裂后方略有增加或者不变。不同破裂速度时共同的特征是均在破裂前方的方向性显
著影响区域持时较小,而后逐渐增大,且破裂前方的持时明显小于破裂后方的持时。

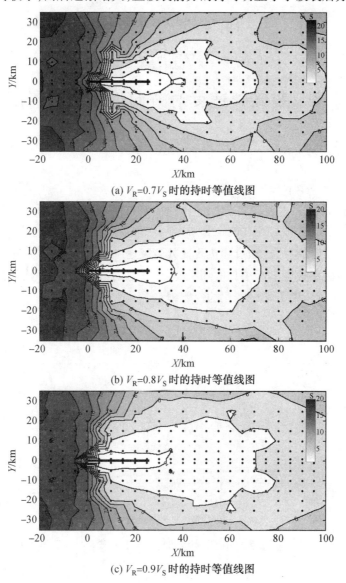

(a) $V_R = 0.7V_S$ 时的持时等值线图

(b) $V_R = 0.8V_S$ 时的持时等值线图

(c) $V_R = 0.9V_S$ 时的持时等值线图

图 3.7　$V_R = 0.7V_S$、$0.8V_S$、$0.9V_S$ 和 $0.925V_S$ 时峰值加速度持时等值线(FN 分量)

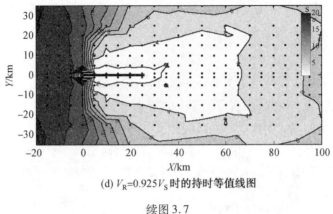

(d) $V_R=0.925V_S$ 时的持时等值线图

续图 3.7

## 3.3　变破裂速度对方向性效应的影响

### 3.3.1　断层模型

上述分析是在常破裂速度下的情况,即均一破裂速度条件下各参数对近断层地震动方向性效应的影响,而实际地震时由于断层面上的各种不均匀性,破裂速度可能不会是一个常量,因此,为了分析破裂速度的变化对近断层地震动方向性效应的影响,此部分基于第1章建立的基本断层模型,通过随机改变其破裂速度来模拟地震动,并分析产生的地震动的特点。假设破裂速度沿断层长度随机变化,并且均值为0.8倍剪切波速,其他模型参数不变,图3.8所示为两个随机变化的速度模型和由此得到的断层面上的破裂时间等值线图。

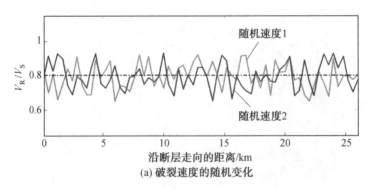

(a) 破裂速度的随机变化

图 3.8　随机变化的速度模型和断层面上的破裂时间等值线图

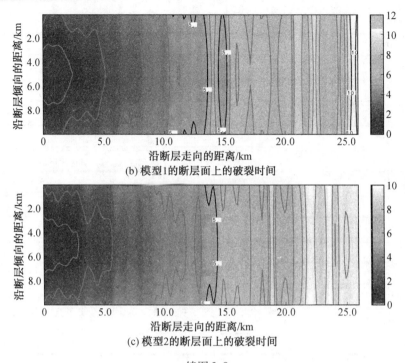

(b) 模型1的断层面上的破裂时间

(c) 模型2的断层面上的破裂时间

续图 3.8

　　基于上述两个断层模型,分别计算每个模型中的 278 个观测点(图 1.17)的三分量(FN、FP 和 UP)加速度时程。为了比较变破裂速度和常破裂速度下近断层地震动的方向性效应的不同,从峰值、频谱和持时的角度对方向性特征进行逐一分析。

## 3.3.2　峰值分析

### 1. 地震动时程对比

　　为了比较常破裂速度和变破裂速度模式下地震动沿断层走向上的区别,选取 G 行的一系列观测点的地震动进行分析。分别将不同破裂速度模式下 G 行各点的加速度时程绘制在同一个图中进行对比,图 3.9 以加速度为例给出了 G 行观测点的 FN 分量在不同破裂速度模式下的地震动时程,虚线为采用破裂速度随机变化模型 2 时的地震动时程,实线为采用常破裂速度时得到的地震动时程。Max1 和 Max2 分别为变破裂速度和常破裂速度下的地震动峰值。

　　从图 3.9 可以发现,破裂速度的变化对地震动的峰值有较大影响。对于破裂前方的观测点,均一的破裂速度产生的地震动的峰值要大于变破裂速度条件下的。对于破裂反方向的观测点,变破裂速度产生的地震动峰值要比均匀的破裂速度大。分析其原因,主要是由于均一的破裂速度会造成破裂前方的地震波传播的能量积累效应,从而增大了地震动的峰值;而变化的破裂速度会使得地震破裂过程中向外辐射的高频成分增加,因此在没有能量积累效应的破裂的反方向,辐射的高频分量就会使得地震动的峰值加大,但是在破裂的前方,高频分量对峰值的影响相对于能量积累效应的影响还是很小。

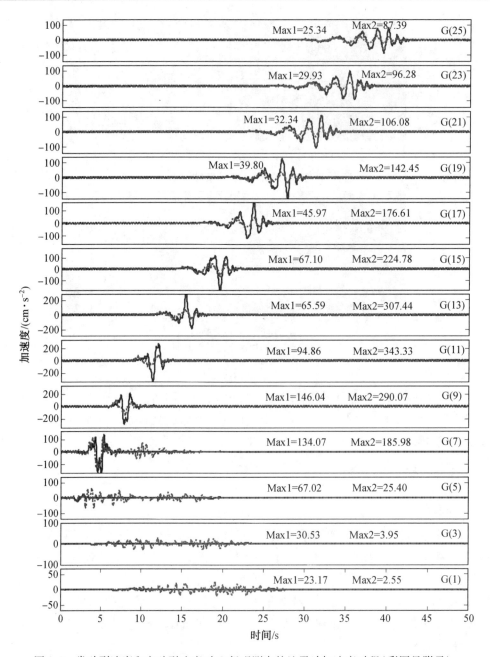

图 3.9　常破裂速度和变破裂速度时 G 行观测点的地震动加速度时程(彩图见附录)

## 2. 地震动峰值沿断层走向变化对比

　　为了比较常破裂速度和变破裂速度对方向性效应的影响,分别将不同速度模型下的 G 行观测点地震动峰值沿断层走向的变化表示在同一图中,图 3.10 给出了常破裂速度 ($V_R/V_S=0.8$)和变破裂速度模式下 G 行观测点的 FN、FP 和 UP 分量的地震动峰值沿断层走向的变化曲线。分析表明,变化的破裂速度也能产生方向性效应,但是产生的方向性效应的特点不同。从断层破裂末端到破裂的前方,均一的破裂速度下的地震动峰值显著高于变化的破裂速度产生的峰值;在破裂的后方到断层末端,变化的破裂速度产生的地震动的峰值要高于均一的破裂速度产生的峰值。两个随机变化的破裂速度模式产生的地震动峰值比较接近,主要是由于采用了相同的破裂速度均值。

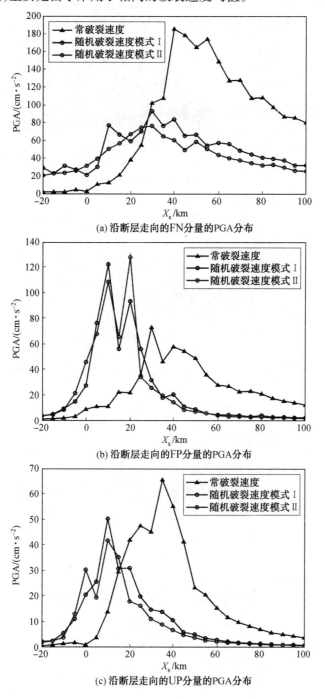

图 3.10　峰值加速度沿断层走向变化曲线(FN、FP 和 UP 分量)

**3. 地震动峰值场对比**

对整个地表峰值场的特征进行分析,图 3.11 分别给出了不同破裂速度模式分别为常破裂速度、随机破裂速度模式 Ⅰ 和随机破裂速度模式 Ⅱ 时加速度的 FN 和 FP 分量的峰值等值线图。UP 分量的特点与 FP 分量类似,这里没有将图列出。

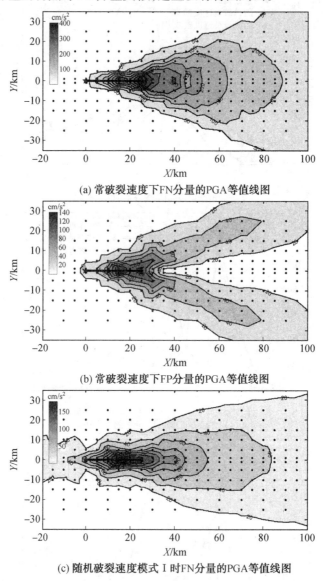

(a) 常破裂速度下FN分量的PGA等值线图

(b) 常破裂速度下FP分量的PGA等值线图

(c) 随机破裂速度模式 Ⅰ 时FN分量的PGA等值线图

图 3.11　不同破裂速度模式时峰值加速度等值线图

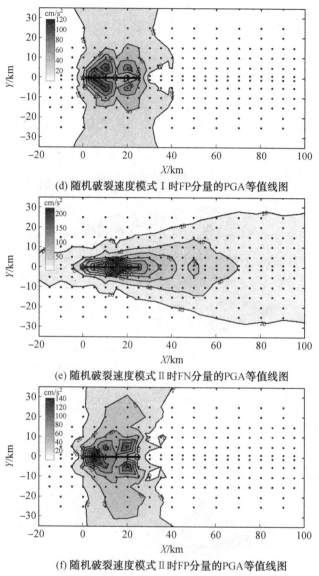

(d) 随机破裂速度模式 I 时FP分量的PGA等值线图

(e) 随机破裂速度模式 II 时FN分量的PGA等值线图

(f) 随机破裂速度模式 II 时FP分量的PGA等值线图

续图 3.11

　　峰值加速度等值线分布图表明,对于 FN 分量,地震动峰值场的差异在于,均一的破裂速度的最大峰值比变化的破裂速度的最大峰值高出 2 倍以上,但是破裂的方向性效应依然明显,并且变破裂速度时,位于破裂的反方向和断层长度附近的地震动峰值比均一破裂速度时增大了。对于 FP 和 UP 分量,均一破裂速度和变破裂速度引起的地震动的差异在于,均一破裂速度时地震动明显的方向性分布在变破裂速度时几乎没有了,地震动场的破裂前、后方的峰值均变得很小。

### 3.3.3 反应谱分析

图 3.12 给出了沿断层走向排列的 G 行观测点的加速度反应谱在均一破裂速度和变破裂速度下的图形。分析不同破裂速度模式下反应谱的特点可以看出，变化的破裂速度使得在断层末端到破裂后方的观测点的各个周期的反应谱值均大于均一的破裂速度情况下的值，而在断层末端到破裂前方范围内的观测点各周期的反应谱谱值均小于均一破裂速度情况下的值。

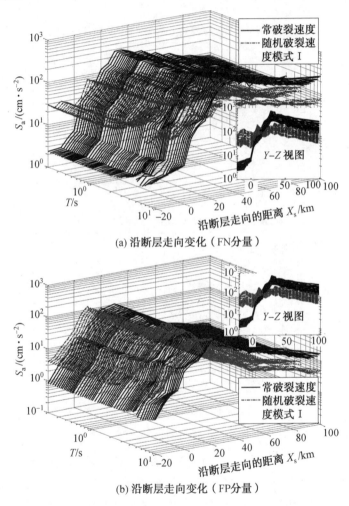

(a) 沿断层走向变化（FN分量）

(b) 沿断层走向变化（FP分量）

图 3.12　不同破裂速度模式时加速度反应谱沿断层走向变化(FN、FP 和 UP 分量)（彩图见附录）

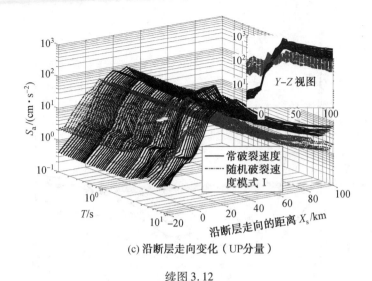

(c) 沿断层走向变化（UP分量）

续图 3.12

### 3.3.4　持时分析

**1. 持时沿断层走向变化对比**

为了考虑变破裂速度对持时的影响,选取 G 行各观测点的持时并将其沿着断层走向表示在图中,图 3.13 所示表示均一破裂速度情况下持时沿断层走向的变化和两种变破裂速度情况下持时沿着走向的分布。不同破裂速度模式下的持时特征表明,常破裂速度和变破裂速度都会对持时产生方向性影响,也就是在破裂前方的地震动持时明显小于破裂后方的持时。对于 FN 分量,在破裂前方,均一的破裂速度引起的持时小于变化的破裂速度引起的持时,而在破裂后方则相反。对于 FP 和 UP 分量,无论破裂前方和后方,均一的破裂速度引起的持时均小于变化的破裂速度引起的持时。

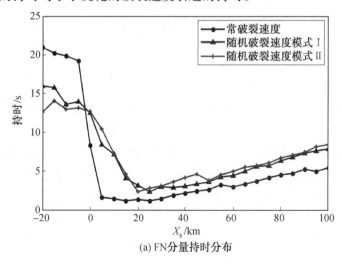

(a) FN分量持时分布

图 3.13　均一破裂速度和变破裂速度时加速度持时沿断层走向变化(FN、FP 和 UP 分量)

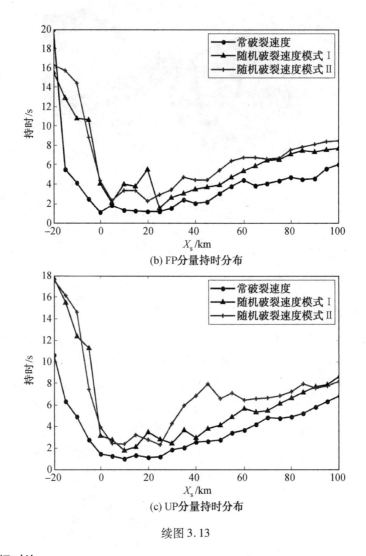

(b) FP分量持时分布

(c) UP分量持时分布

续图 3.13

## 2. 持时场对比

图 3.14 所示为破裂速度模式对整个地表地震动持时的影响。图(a)、(b)、(c)表示各分量在常破裂速度下的持时场,图(d)、(e)、(f)表示各分量在变破裂速度下的持时场。对比表明,常破裂速度和变破裂速度都会产生方向性效应,但是变破裂速度情况下破裂前、后方的持时差异比常破裂速度时的小。一般来说,除了 FN 分量的破裂后方的观测点外,同一观测点在常破裂速度下的持时要小于变破裂速度情况下。

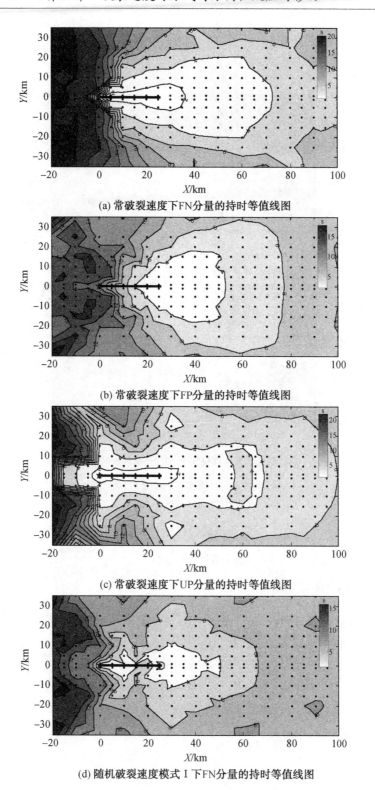

(a) 常破裂速度下FN分量的持时等值线图

(b) 常破裂速度下FP分量的持时等值线图

(c) 常破裂速度下UP分量的持时等值线图

(d) 随机破裂速度模式 I 下FN分量的持时等值线图

图 3.14　常破裂速度和变破裂速度时加速度持时等值线图（FN、FP 和 UP 分量）

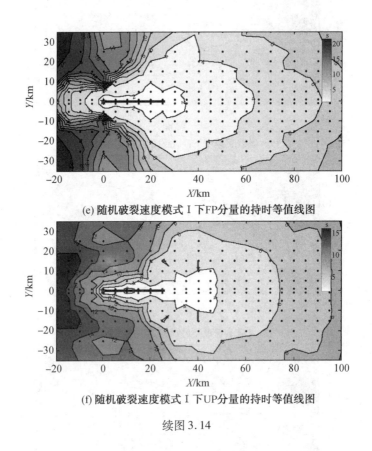

(e) 随机破裂速度模式 I 下FP分量的持时等值线图

(f) 随机破裂速度模式 I 下UP分量的持时等值线图

续图 3.14

# 3.4　双侧破裂的方向性特征

## 3.4.1　断层模型

　　根据断层的整体破裂模式,可简单将其划分为单侧破裂、双侧破裂及两维破裂(近似圆盘破裂)。单侧破裂是指震中在断层的一端,破裂从震中沿一个方向向另一端传播。上述分析均是假定地震为单侧破裂,但是双侧破裂也可以具有产生方向性效应的条件。为了分析双侧破裂的方向性效应,基于第 1 章的基本断层模型,建立了一个双侧破裂模型,断层的基本参数不变,只是初始破裂位置变为在断层长度方向的中心,如图 3.15 所示。为了方便分析地表地震动的特点,重新建立了图 3.16 所示地表的观测点。

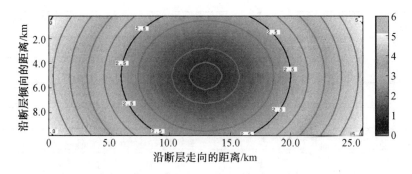

图 3.15　对称双侧破裂的断层模型

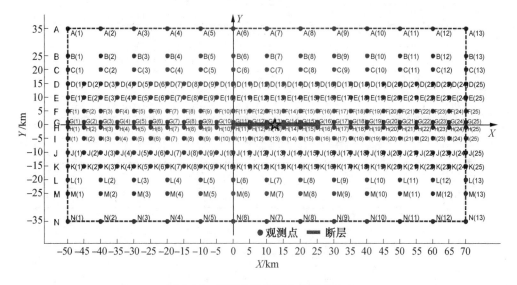

图 3.16　双侧破裂模型的观测点分布

## 3.4.2　峰值分析

### 1. 地震动时程对比

为了比较双侧破裂模式下地震动沿断层走向的变化,选取 G 行的一系列观测点的地震动进行分析。图 3.17 给出了 G 行观测点 FN 和 FP 分量的加速度地震动时程,虚线为 FP 分量,实线为 FN 分量,FN 和 FP 表示各自分量的峰值。

从图 3.17 可以看出,随着距离的增加,地震动的峰值首先增大,然后在断层两端的 G(7) 和 G(9) 处峰值开始减小。距离越小,持时越小,随着距离的增大持时逐渐增大。FN 分量的峰值要大于 FP 分量。

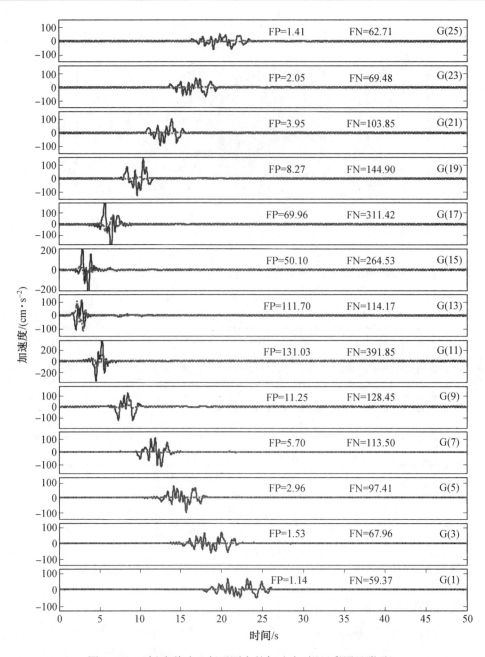

图 3.17　双侧破裂时 G 行观测点的加速度时程(彩图见附录)

**2. 地震动峰值沿断层走向变化对比**

　　图 3.18 给出了峰值加速度在 A～G 行沿着断层走向的变化,分别为 FN、FP 和 UP 分量。对于 FN 分量,在沿着断层走向的方向上,随着距离的增大,位于断层长度范围内观测点的地震动峰值逐渐增大,在断层的末端峰值开始逐渐下降;在沿着断层垂直的方向上,距离越小地震动的峰值越大。对于 FP 分量,在沿着断层走向的方向上,越靠近震中其峰值越大,随着距离的增加,峰值逐渐减小。与 FN 分量有些不同的是,对于 FP 分量,

当观测点位于断层长度范围内时,在沿着断层垂直的方向上,断层距越小,峰值越大,但是当观测点沿着走向的距离超过断层长度后,观测点的断层距越小,其峰值也越小。对于UP 分量,其在断层长度范围内的特征与 FN 分量类似,在断层长度以外的特征与 FP 分量类似。

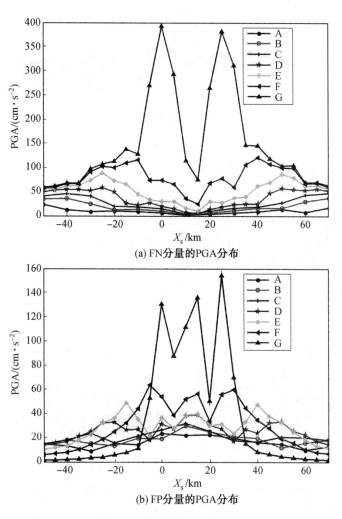

(a) FN分量的PGA分布

(b) FP分量的PGA分布

图 3.18　峰值加速度沿断层走向变化(FN、FP 和 UP 分量)

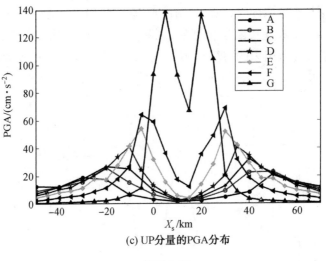

(c) UP分量的PGA分布

续图 3.18

### 3. 地震动峰值场对比

图 3.19 给出了双侧破裂模式下,加速度各分量的峰值等值线图,分别为 FN、FP 和 UP 分量。对于 FN 分量,双侧破裂会引起双侧的方向性效应,即在断层的两端地震动的 FN 分量最大,并且地震动在双侧破裂的方向上以震中为中心对称分布。对于 FP 分量,峰值在震中最大,对称的峰值场图表现出地震动在断层的长度范围内和破裂前后方的四个方位角上加强的趋势。对于 UP 分量,对称的峰值场图表现出更加明显的峰值在断层的四个方位角上加强的趋势。

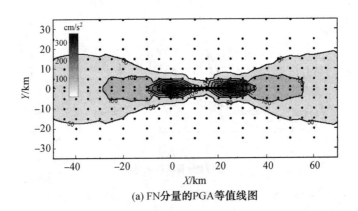

(a) FN分量的PGA等值线图

图 3.19　双侧破裂时峰值加速度等值线(FN、FP 和 UP 分量)

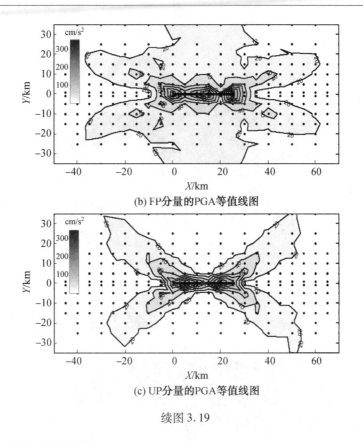

(b) FP分量的PGA等值线图

(c) UP分量的PGA等值线图

续图 3.19

## 3.4.3 反应谱分析

图 3.20 给出了平行于断层走向排列的 G 行观测点的加速度反应谱的变化情况,分别为 FN、FP 和 UP 分量。从反应谱沿着破裂两侧方向的变化可以看出,对于双侧破裂,反应谱以破裂开始点为中心,在两个破裂方向分别表现出方向性效应,使得在断层破裂末端

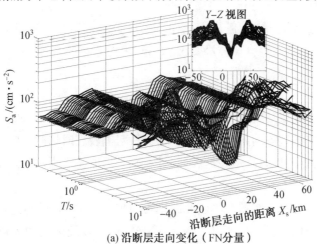

(a) 沿断层走向变化(FN分量)

图 3.20 双侧破裂时加速度反应谱值沿断层走向变化(FN、FP 和 UP 分量)

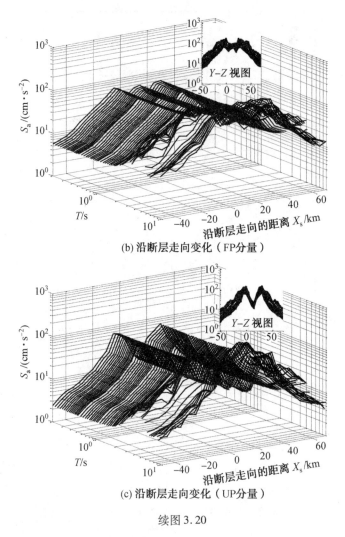

(b) 沿断层走向变化（FP分量）

(c) 沿断层走向变化（UP分量）

续图 3.20

区域地震动的反应谱谱值最大,但是相比而言,方向性对 FN 分量反应谱的影响更为明显,并且在两侧破裂的方向上,FN 分量要比 FP 和 UP 分量衰减得慢。

### 3.4.4　持时分析

图 3.21 以不同断层距处各行观测点的加速度持时为例,说明了双侧破裂模式时持时沿着断层走向和断层垂直方向的变化规律。为分析双侧破裂时持时在整个地表面上的分布特征,将各个观测点的持时表示在地表面。图 3.22 以加速度为例给出了各分量的持时等值线图,分别为 FN、FP 和 UP 分量。

从沿断层走向的持时分布图和等值线图中可以发现,不同分量的持时沿断层走向和垂直于断层走向的变化趋势比较复杂。对于 FN 分量,在破裂两端的 5 km 区域内,由于受到方向性效应的控制,地震动的持时最小,而后持时随距离的增大而增大。在垂直于断层走向方向,断层距越大,持时越大。在平行于断层走向的方向上,对于断层距较小的观测点,其持时在震中附近较大,而后随距离的增大而增大;对于断层距较大的观测点,其在断层长度范围内的持时较大,而后随距离的增大而略有减小。对于 FP 分量,在垂直于断层走向的方向上,断层距越大,持时越大;在平行于断层走向的方向上,断层长度范围内的持时最小,而后随距离的增大而增大。对于 UP 分量,在垂直于断层走向的方向上,断层距越大,持时越大;在平行于断层走向的方向上,对于断层距较小的观测点,其在断层长度范围内的持时最小,而后随距离的增大而增大;对于断层距较大的观测点,其在震中处的持时最大,而后随震中距的增大而减小,当距离超过一倍左右的断层长度时,持时又开始逐渐增大。

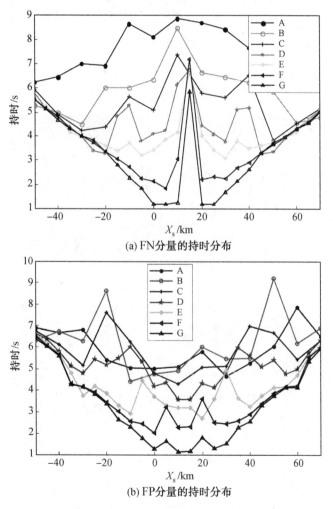

(a) FN分量的持时分布

(b) FP分量的持时分布

图 3.21　双侧破裂模式时加速度持时沿断层走向变化(FN、FP 和 UP 分量)

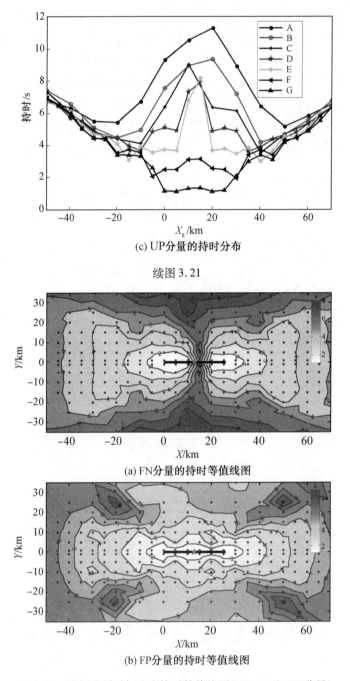

(c) UP分量的持时分布

续图3.21

(a) FN分量的持时等值线图

(b) FP分量的持时等值线图

图3.22　双侧破裂时加速度持时等值线图（FN、FP 和 UP 分量）

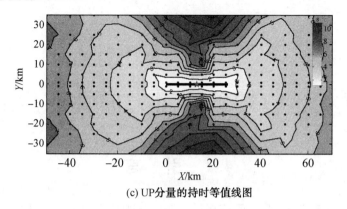

(c) UP分量的持时等值线图

续图 3.22

# 第4章 超剪切破裂对方向性效应的影响

## 4.1 引 言

前面章节关注于破裂速度小于或接近于剪切波速时的近断层地震动方向性特性。但是当断层的破裂速度超过剪切波速时,是否会产生方向性效应? 其造成的近断层地震动及其空间分布又会发生什么样的变化? 要弄清楚这些问题,就要研究超剪切破裂条件下的近断层地震动。在实际地震中已经观测到了一些超剪切波破裂速度的实际地震,而且由亚剪切波破裂速度向超剪切波破裂速度的转变也从理论、数值模拟和实验中得到证明。

## 4.2 超剪切破裂

### 4.2.1 超剪切破裂及其产生原因

超剪切破裂(super-shear rupture)是指地震断层的破裂扩展速度 $V_R$ 超过了震源区岩石介质的剪切波的传播速度 $V_S$ 的现象,图 4.1 给出了超剪切破裂的示意图。有研究认为,局部断层面上介质材料的差异引起的应力波动会引起偶尔的局部超剪切破裂产生;也有研究认为,断裂传播主要是由剪切应变能控制的,如果能量传递速度大于弹性波速度,则能量传递将是耗散的,将产生类似在超声冲击波中所见的超剪切破裂;还有研究认为,当局部应力足够大时,断层的破裂速度可以超过剪切波速。

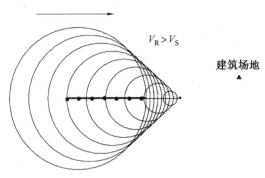

图 4.1 超剪切破裂的示意图

### 4.2.2　断层的破裂速度极限

断层的破裂速度与断层的破裂模式有关。图 4.2 给出了断裂力学中的三种破裂模式,I 型为拉伸(张开型)断裂,II 型和 III 型为剪切破裂,对于 II 型平面内剪切破裂(滑移型),破裂传播方向平行于滑动的方向,而对于 III 型的出平面剪切破裂,破裂传播方向垂直于滑动方向。研究认为,不同的破裂方式能达到的极限速度不同。

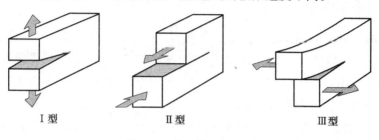

图 4.2　破裂模式示意图

## 4.3　超剪切破裂的证明

### 4.3.1　地震观测数据证明

地震的观测资料和反演结果表明,断层的破裂传播速度一般为剪切波速的 80% 左右,但是有些条件下地震破裂传播的速度可能要超过剪切波速。较早的关于超剪切破裂的文献可以追溯到对 1979 年 Imperial Valley 地震的研究,而后对一些地震的研究也证明了超剪切破裂现象的存在,比如 1999 年土耳其 Izmit 地震、2001 年中国昆仑山口西地震和 2002 年美国阿拉斯加 Denali 地震等。对 Imperial Valley 地震的近断层低频剪切波的反演结果表明,断层以超过剪切波速的速度破裂了 5~10 km 的距离,并且引起了 1.5g 的峰值加速度,对在 El Centro 差动台阵上的地震动记录的分析表明,在高频地震动中发现了与破裂的超剪切波速传播一致的证据。对 1999 年 Izmit 地震的破裂过程研究发现,在断层的西段和东段,破裂以 3 km/s 的速度破裂,但是在断层的中段,从震源向东破裂的近 50 km 长的部分上,断层以接近 5 km/s 的超剪切波速破裂。对 2002 年美国阿拉斯加 Denali 地震进行研究,通过对比实际记录和各种破裂速度下的数值模拟结果发现,实际的整个速度时程与采用破裂速度介于剪切波速的 1.1~1.2 倍之间时模拟的结果最接近,最大速度的方位和速度波形与超剪切破裂的情形一致。

### 4.3.2　实验室实验证明

美国加州理工大学曾在 2004 年进行过实验室实验,成功地实现了超剪切破裂的实验模拟并在 *Science* 期刊上发表论文,论述了均匀介质情况下亚剪切破裂到超剪切破裂的转移及非均匀介质条件下方向性和超剪切破裂的实验,用实验模型模拟了产生超剪切破裂的条件,从而从实验角度证明了超剪切破裂的存在,证明了剪切破裂的破裂速度可以超过剪切波速,观测到的破裂速度为 $1.4V_S$。

# 4.4　峰值分析

## 4.4.1　断层模型

采用的基本断层模型同第 1 章,为了与破裂速度未超过剪切波速时的特征进行比较,选取的断层模型参数见表 4.1。断层上界埋深设置为 $Z_F = 0.1$ km,假设破裂从断层下倾方向的中心开始,即 $H = 0.5 \times W = 5$ km。为了比较不同超剪切破裂速度下地震动方向性效应的区别,分别将破裂速度 $V_R$ 设定为 0.6、0.7、0.8、0.9、0.925、1.0、1.1、1.2、1.3、1.4、1.5、1.6 和 1.7 倍的剪切波速 $V_S$,图 4.3 给出了 $V_R = 1.4V_S$ 时断层面上破裂时间的等值线图。

表 4.1　断层模型参数

| $M_w$ | $L$ /km | $W$ /km | $M_0$ /(N·m$^{-1}$) | $Z_F$ /km | $H$ /km | $\tau_R$ /s | $D$ /m | $V_R$ /(km·s$^{-1}$) |
|---|---|---|---|---|---|---|---|---|
| 6.4 | 26 | 10 | $5.01 \times 10^{22}$ | 0.1 | 5 | 0.75 | 0.58 | $(0.6 \sim 1.7)V_S$ |

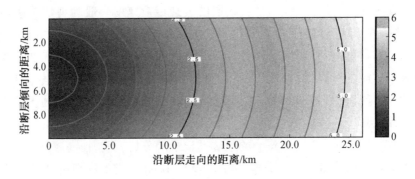

图 4.3　超剪切破裂时的断裂模型($V_R/V_S = 1.4$)

基于上述 13 个断层模型,分别计算每个模型中 278 个观测点(图 1.17)的三分量(FN、FP 和 UP)加速度时程。为了比较不同破裂速度对方向性效应的影响,从地震动的三要素,即峰值、频谱和持时的角度进行逐一分析。

## 4.4.2　地震动时程对比

选取 G 行的一排与断层走向平行的 25 个观测点,图 4.4 为与断层走向平行的 G 行观测点的加速度时程在不同破裂速度下的比较。选取受方向性影响显著的 FN 分量,实线为破裂速度等于 0.9 倍剪切波速(亚剪切破裂)时的加速度时程,虚线为破裂速度等于 1.1 倍剪切波速(超剪切破裂)时的加速度时程。Max1 和 Max2 分别是超剪切破裂和亚剪切破裂时的地震动峰值。对比表明 G(5)、G(7) 和 G(9) 的峰值加速度在超剪切破裂时大于亚剪切波速时,而其他观测点的加速度峰值均在亚剪切破裂时大于超剪切破裂时。

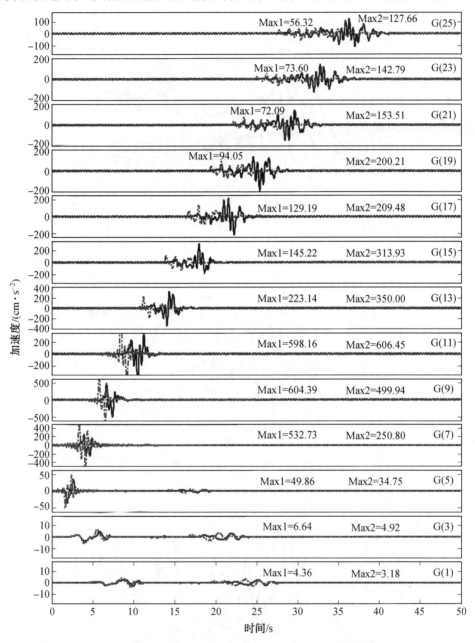

图 4.4　不同超剪切破裂速度时 G 行观测点的加速度时程(彩图见附录)

### 4.4.3　地震动峰值沿走向变化对比

选取靠近断层的 G 行的 25 个观测点,提取加速度时程每个分量的峰值作为纵坐标,以观测点沿断层走向水平距离 $X_s$ 为横坐标,将每组对应的峰值沿着走向的变化曲线表示在图 4.5 上,由上到下为 FN、FP 和 UP 分量。

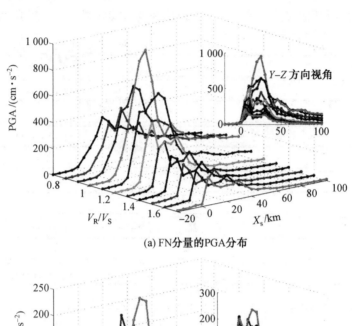

(a) FN分量的PGA分布

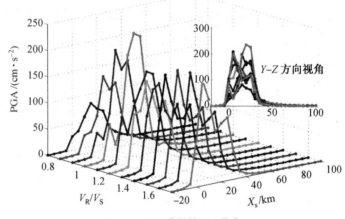

(b) FP分量的PGA分布

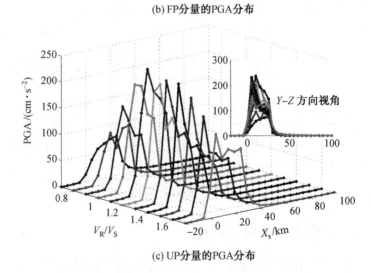

(c) UP分量的PGA分布

图 4.5　峰值加速度沿断层走向变化(FN、FP 和 UP 分量)

通过分析不同破裂速度下的加速度峰值变化曲线表明,对于 FN 分量,其峰值在破裂速度等于剪切波速时达到最大,随着破裂速度的增大,加速度峰值逐渐减小,但是无论峰值变大还是变小,峰值沿着走向分布的方向性依然存在。对于 FP 分量,其峰值也在破裂速度等于剪切波速时达到最大,但是当破裂速度超过剪切波速以后,随着破裂速度的增大,峰值并没有像 FN 分量一样很快下降,而是变化很小。对于 UP 分量,也是在破裂速度等于剪切波速时峰值最大,而后随着破裂速度的增大逐渐衰减,但是衰减的幅度相对于 FN 分量要小得多。在超剪切破裂时,有些观测场点的地震动峰值的 FN 分量不再大于 FP 分量,也就是说不再遵从破裂速度小于剪切波速破裂时的 FN 分量通常大于 FP 分量的典型特征。如图 4.6 所示,左列为 $V_R = (0.8 \sim 1.2)V_S$ 时的 FN 分量与 FP 分量的大小比较,右列为 $V_R = (1.3 \sim 1.7)V_S$ 时的比较。图中十字表示 FN 分量大于 FP 分量峰值的观测点,圆点表示 FP 分量大于 FN 分量峰值的观测点。通过加速度的 FN 与 FP 分量在各种破裂速度下的对比发现,随着破裂速度的增加,特别是达到超剪切破裂速度以后,FN 分量峰值大于 FP 分量峰值的区域逐渐减少,即从原来的断层破裂两端及两侧区域逐渐减少到仅剩下破裂两端的区域。

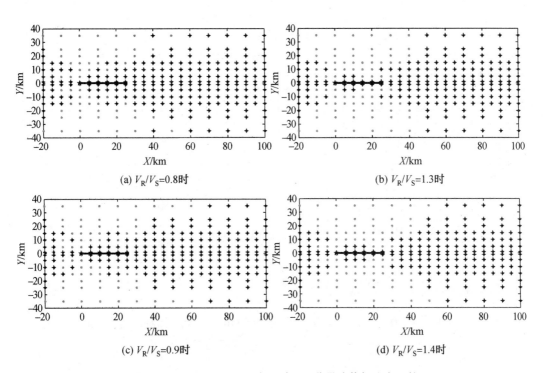

(a) $V_R/V_S=0.8$时　　　　　　　　　　　　　　(b) $V_R/V_S=1.3$时

(c) $V_R/V_S=0.9$时　　　　　　　　　　　　　　(d) $V_R/V_S=1.4$时

图 4.6　$V_R = 0.8 \sim 1.7 V_S$ 时 FN 与 FP 分量峰值加速度比较

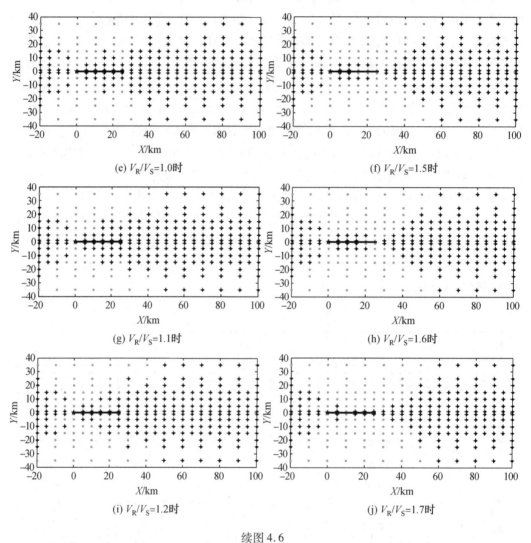

(e) $V_R/V_S=1.0$时　　　　　　　　　　　　(f) $V_R/V_S=1.5$时

(g) $V_R/V_S=1.1$时　　　　　　　　　　　　(h) $V_R/V_S=1.6$时

(i) $V_R/V_S=1.2$时　　　　　　　　　　　　(j) $V_R/V_S=1.7$时

续图 4.6

## 4.4.4　地震动峰值场对比

图 4.7~4.9 分别为 FN、FP 和 UP 分量的加速度峰值等值线图,左列和右列分别是 $V_R=(0.8~1.2)V_S$ 和 $V_R=(1.3~1.7)V_S$ 时的加速度峰值等值线图。

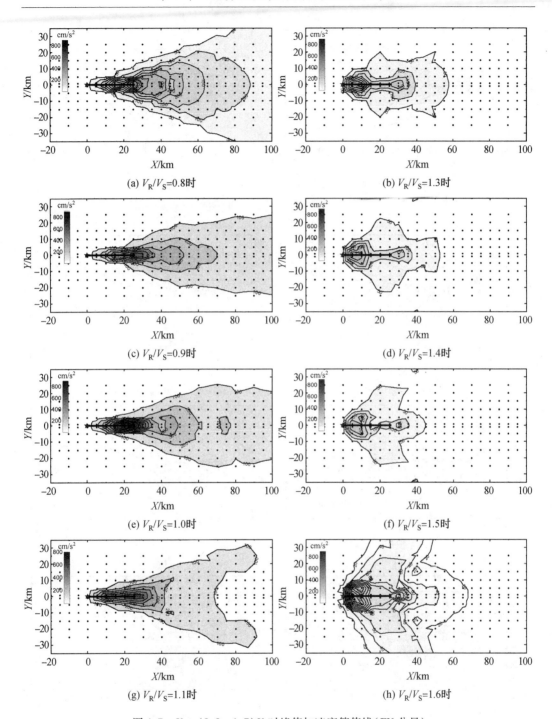

(a) $V_R/V_S = 0.8$ 时

(b) $V_R/V_S = 1.3$ 时

(c) $V_R/V_S = 0.9$ 时

(d) $V_R/V_S = 1.4$ 时

(e) $V_R/V_S = 1.0$ 时

(f) $V_R/V_S = 1.5$ 时

(g) $V_R/V_S = 1.1$ 时

(h) $V_R/V_S = 1.6$ 时

图 4.7　$V_R = (0.8 \sim 1.7) V_S$ 时峰值加速度等值线（FN 分量）

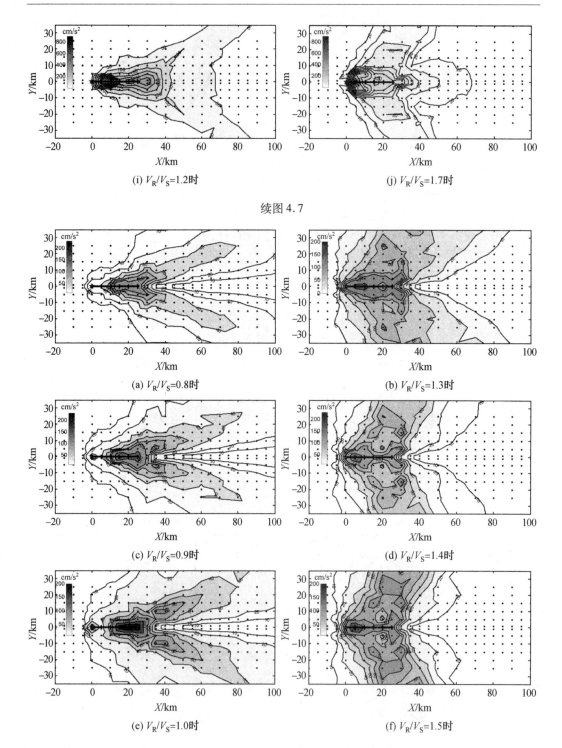

(i) $V_R/V_S=1.2$时　　　　　　　　　　　　(j) $V_R/V_S=1.7$时

续图 4.7

(a) $V_R/V_S=0.8$时　　　　　　　　　　　　(b) $V_R/V_S=1.3$时

(c) $V_R/V_S=0.9$时　　　　　　　　　　　　(d) $V_R/V_S=1.4$时

(e) $V_R/V_S=1.0$时　　　　　　　　　　　　(f) $V_R/V_S=1.5$时

图 4.8　$V_R=(0.8\sim1.7)V_S$ 时峰值加速度等值线（FP 分量）

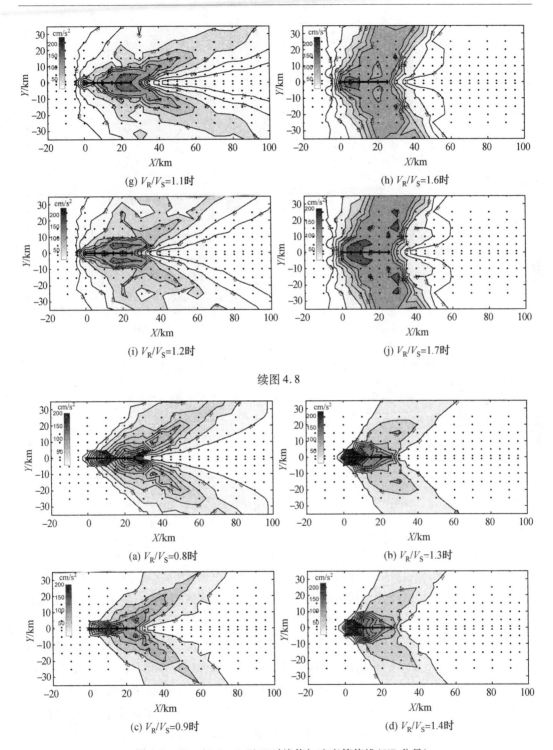

(g) $V_R/V_S$=1.1时

(h) $V_R/V_S$=1.6时

(i) $V_R/V_S$=1.2时

(j) $V_R/V_S$=1.7时

续图 4.8

(a) $V_R/V_S$=0.8时

(b) $V_R/V_S$=1.3时

(c) $V_R/V_S$=0.9时

(d) $V_R/V_S$=1.4时

图 4.9　$V_R = (0.8 \sim 1.7)V_S$ 时峰值加速度等值线(UP 分量)

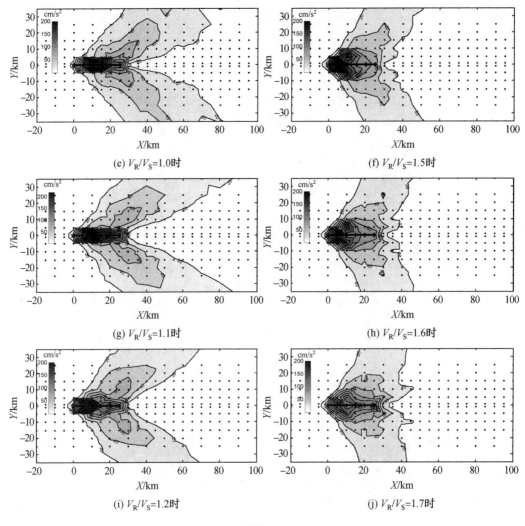

(e) $V_R/V_S=1.0$时　　　　(f) $V_R/V_S=1.5$时

(g) $V_R/V_S=1.1$时　　　　(h) $V_R/V_S=1.6$时

(i) $V_R/V_S=1.2$时　　　　(j) $V_R/V_S=1.7$时

续图4.9

　　通过对地震动加速度的三分量在超剪切破裂速度下的峰值场,以及一行观测点的地震动时程和峰值特征的综合分析表明,超剪切破裂时同样存在方向性效应,但是超剪切破裂会出现一些与破裂速度小于剪切破裂时的方向性效应不同的特点,超剪切破裂条件下,破裂速度的变化对地震动的 FN、FP 和 UP 分量的影响不同。对于 FN 分量,随着超剪切破裂速度的增大,地震动的峰值逐渐减小,显著影响区域也逐渐靠近断层的末端,而且随着超剪切破裂速度的增大,方向性显著影响角逐渐增大,并且峰值场的等值线轮廓由接近于剪切波速时的放射形变为两翼型。对于 FP 和 UP 分量,随着超剪切破裂速度的增大,地震动的峰值并没有减小,有时反而增大,而且显著影响区域也逐渐靠近断层的末端,方向性显著影响角也逐渐增大。在破裂开始处到破裂末端的方向性显著影响角控制区域的观测点的地震动,破裂速度小于剪切波速时的典型的 FN 分量峰值大于 FP 分量峰值的特点,在超剪切破裂时可能不存在了,而且 FN 分量大于 FP 分量的区域也随超剪切破裂速度的增大而逐渐减小。总体来说,具体情况与超剪切破裂的程度有关。

## 4.5　反应谱分析

　　对平行于断层的 G 行观测点的反应谱在不同超剪切破裂速度下的特征进行分析。选取破裂速度为 1.0、1.4 和 1.7 倍剪切波速时的情况进行对比,图 4.10 所示由上至下分别为 FN、FP 和 UP 分量的变化情况。

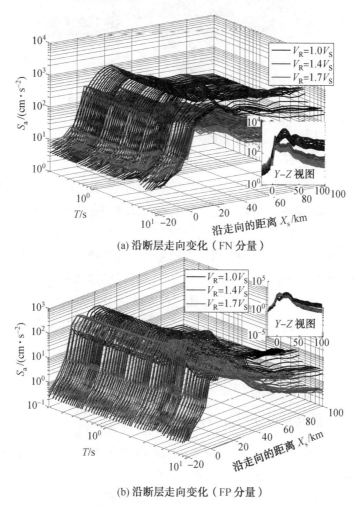

(a) 沿断层走向变化（FN 分量）

(b) 沿断层走向变化（FP 分量）

图 4.10　不同超剪切破裂速度时加速度反应谱沿断层走向变化(FN、FP 和 UP 分量)(彩图见附录)

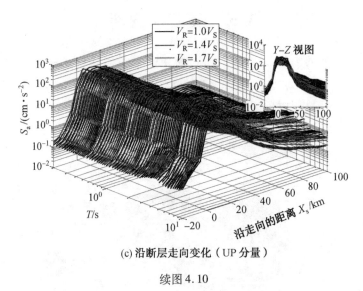

(c) 沿断层走向变化（UP 分量）

续图 4.10

对反应谱的分析表明,超剪切破裂时破裂速度对反应谱的影响主要体现在其谱值的大小上,对于 FN 分量,随着超剪切破裂速度的增大,反应谱的幅值逐渐减小,但是对于 FP 和 UP 分量,随着超剪切破裂速度的增大,其反应谱却出现增大的趋势。若以周期 $T=1.0$ s的反应谱值的等值线进行分析,可以发现超剪切破裂速度对方向性效应在频谱方面的影响对 FN、FP 和 UP 分量不同。对于 FN 分量,随着超剪切破裂速度的增大,其反应谱的谱值逐渐减小,但是方向性显著影响角逐渐扩大;对于 FP 和 UP 分量,随着超剪切破裂速度的增大,其反应谱幅值有增大的趋势,并且方向性显著影响角也在逐渐增大。

# 4.6　持时分析

## 4.6.1　持时沿断层走向变化对比

将不同超剪切破裂速度下沿 G 行观测点的地震动持时表示在图上,如图 4.11 所示。对比不同超剪切破裂速度下的持时变化曲线发现,对于 FN 分量,随着超剪切破裂速度的增大,破裂前方的持时逐渐增大,破裂后方的持时逐渐减小;对于 FP 和 UP 分量,随着超剪切破裂速度的增大,破裂前方和断层长度附近的地震动持时变化很小,但是超过断层长度的距离以后,地震动持时迅速增加。

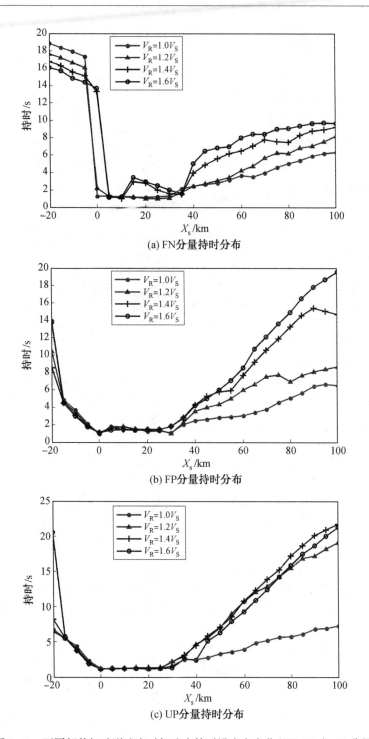

(a) FN分量持时分布

(b) FP分量持时分布

(c) UP分量持时分布

图 4.11　不同超剪切破裂速度时加速度持时沿走向变化（FN、FP 和 UP 分量）

## 4.6.2　持时场对比

图 4.12 给出了加速度时程的 FN 和 FP 分量持时的等值线图。对比发现,对于 FN 分量,随着超剪切破裂速度的增加,破裂前方的持时显著影响区域在逐渐减少,并且破裂前方的持时逐渐增大,破裂后方的持时逐渐减小,但是破裂后方的持时仍然大于破裂前方,断层距不一样,相差的程度也不相同;对于 FP 和 UP 分量,随着超剪切破裂速度的增加,破裂后方的持时变化不大,但是破裂前方的变化显著,明显不同于 FN 分量的是,随着超剪切破裂速度的增大,破裂前方的持时逐渐增大,甚至超过了破裂后方的持时。

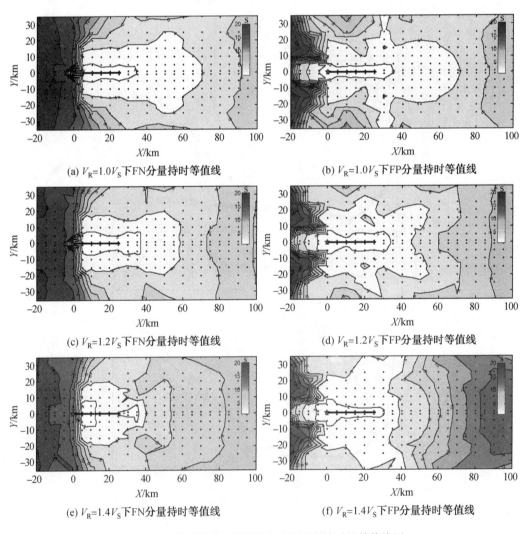

(a) $V_R$=1.0$V_S$下FN分量持时等值线　　　　　(b) $V_R$=1.0$V_S$下FP分量持时等值线

(c) $V_R$=1.2$V_S$下FN分量持时等值线　　　　　(d) $V_R$=1.2$V_S$下FP分量持时等值线

(e) $V_R$=1.4$V_S$下FN分量持时等值线　　　　　(f) $V_R$=1.4$V_S$下FP分量持时等值线

图 4.12　不同超剪切破裂速度下加速度持时的等值线图

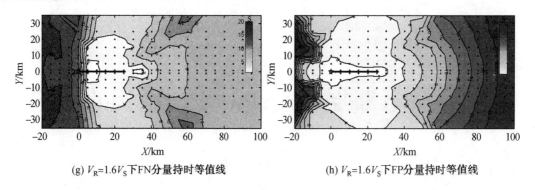

(g) $V_R=1.6V_S$下FN分量持时等值线　　　　　　　(h) $V_R=1.6V_S$下FP分量持时等值线

续图 4.12

# 第5章 近断层地震动对工程结构的影响

## 5.1 引 言

近断层地震动作用下建筑结构的反应及其抗震设计是近断层问题研究的一个重要方面。本章在对近断层地震动和结构非弹性分析研究的基础上,结合基于强度的抗震设计方法,对单自由度和多自由度结构在近断层环境下的反应特性、近断层抗震设计反应谱等问题进行了阐述。对几个真实结构在近断层地震动和远场地震动作用下的动力行为进行了对比,包括顶点位移、层间位移角和基底剪力等。研究了近断层地震动参数与建筑结构破坏之间的相关性。简单脉冲可以在一定程度上代表实际近断层脉冲型地震动,本章使用了三种形式最为简单的脉冲,对简单脉冲和实际近断层地震动作用下的弹性反应谱、单自由度体系时程反应、多自由度体系时程反应等进行了对比。对如何在目前广泛使用的基于强度的抗震设计方法中考虑近断层地震动的影响进行了介绍,给出了用于近断层区域建筑结构抗震设计的近断层抗震设计谱。

## 5.2 近断层地震动对工程结构影响综述

近断层地震动的特殊性质会对建筑结构的地震反应产生直接影响,需要在结构的抗震评估和抗震设计时考虑。总体来讲,与一般的远场地震动相比,近断层地震动对工程结构的地震反应有趋向于增大的作用,影响趋于不利。本书作者之一(李爽和谢礼立,2007)、贾俊峰等(2015)、郭明珠等(2017)、陈笑宇等(2021)对近断层地震动特征及其对建筑结构影响的近年来研究情况进行过全面的综述,其中涉及了近断层地震动效应、对建筑结构反应的影响、抗震设计规范的考虑等若干方面的内容,读者可以参考。

## 5.3 建筑结构地震反应分析

### 5.3.1 结构反应分析使用的地震动

对于未来发生的地震,尚无法准确预测,因此考察结构在单独地震动作用下的反应结果并不具有指导意义,很多研究也发现,不同地震动给出的结构反应计算结果相差很大(即使调整到同一峰值),这主要是地震动波形和频谱之间的差异造成的,因此由单独的一条地震动给出的结论通常让人难以信服。在进行时程分析时,一般将相同场地或相近场地类别的记录归为一类。然而,由于地震是一个突发的随机过程,即使是同一地点,来自于同一震源的先后两次地震所造成的地面运动也不会完全相同,何况对于同一场地遭受的地震影响可能来自于不同的震源。另一方面,由于场地类别的判断具有很大的模糊性,各种不同场地分类之间的差异性即"相同场地"往往是不相同的。对于这种情况,采用将多条地震动得到的结果进行平均的方法,虽然不能解决但可以缓解以上问题。本节算例中进行时程分析时选择了 15 条近断层地震动记录,10 条远场地震动记录。

近断层地震动记录的选择原则为速度时程中含有明显的脉冲,并且断层距<20 km。根据上述两条原则,选择了 3 组 15 条近断层地震动记录,每组 5 条,其中第一组来自于1994 年美国的 Northridge 地震,第二组来自于 1979 年美国的 Imperial Valley 地震,第三组来自于 1995 年日本的 Kobe 地震。表 5.1 给出了这些地震动记录的基本信息以及峰值加速度 PGA、峰值速度 PGV 和峰值位移 PGD。这里为了说明所选择的近断层地震动的性质,并不占用过多的篇幅,给出前两组地震动的速度时程,如图 5.1 所示。对于第三组地震动,和前两组具有相同的脉冲特性。

**表 5.1　选择的近断层地震动记录**

| 编号 | 地震 | 台站 | 断层距/km | PGA/g | PGV/(cm · s⁻¹) | PGD/cm |
|---|---|---|---|---|---|---|
| NWH360 | Northridge | Newhall-Fire Sta | 7.1 | 0.590 | 97.20 | 38.05 |
| LDM334 | Northridge | LA Dam | 2.6 | 0.349 | 50.80 | 15.11 |
| RRS228 | Northridge | Rinaldi Receiving Sta | 7.1 | 0.838 | 166.10 | 28.78 |
| SCE018 | Northridge | Sylmar-Converter Sta East | 6.1 | 0.828 | 117.50 | 34.22 |
| SPV270 | Northridge | Sepulveda VA | 8.9 | 0.753 | 84.80 | 18.68 |
| HE04230 | Imperial Valley | El Centro Array #4 | 4.2 | 0.360 | 76.60 | 59.02 |
| HE06230 | Imperial Valley | El Centro Array #6 | 1.0 | 0.439 | 109.80 | 65.89 |
| HE07230 | Imperial Valley | El Centro Array #7 | 0.6 | 0.463 | 109.30 | 44.74 |
| HE08230 | Imperial Valley | El Centro Array #8 | 3.8 | 0.454 | 49.10 | 35.59 |
| HE10320 | Imperial Valley | El Centro Array #10 | 8.6 | 0.224 | 41.00 | 19.38 |
| KJM000 | Kobe | KJMA | 0.6 | 0.821 | 81.30 | 17.68 |
| OSA000 | Kobe | OSAJ | 8.5 | 0.079 | 18.30 | 9.26 |
| SHI000 | Kobe | SHIN-OSAKA | 15.5 | 0.243 | 37.80 | 8.54 |
| TAK090 | Kobe | Takatori | 0.3 | 0.616 | 120.70 | 32.72 |
| TAZ000 | Kobe | Takarazuka | 1.2 | 0.694 | 85.30 | 16.75 |

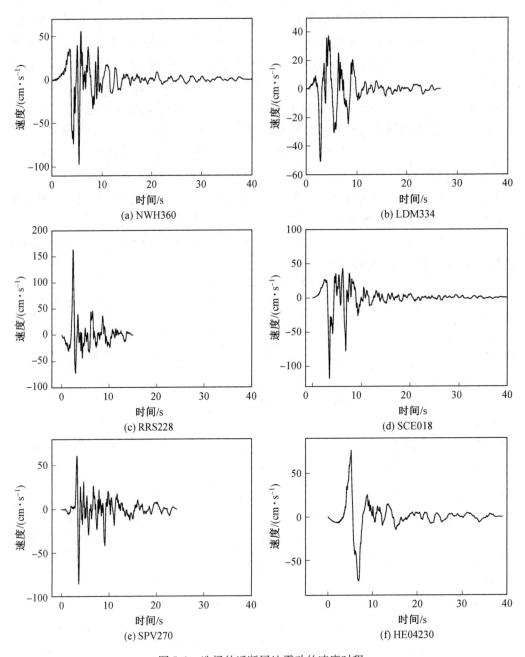

图 5.1　选择的近断层地震动的速度时程

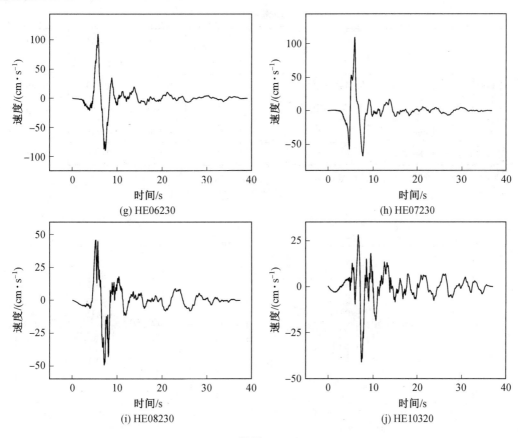

续图 5.1

远场地震动记录的选择原则为速度时程为非脉冲型、断层距>85 km、峰值加速度>50g。根据上述三条原则,选择了 2 组 10 条近断层地震动记录,分别来自于 1994 年美国的 Northridge 地震和 1995 年日本的 Kobe 地震。表 5.2 给出了这些地震动记录的基本信息以及峰值加速度 PGA、峰值速度 PGV 和峰值位移 PGD。为了将选择的远场地震动与图 5.1 所示近断层地震动进行对比,图 5.2 给出了地震动的速度时程。通过对比可以发现,近断层脉冲型地震动的波形较简单,更接近确定性过程。

表 5.2　选择的远场地震动记录

| 编号 | 地震 | 台站 | 断层距<br>/km | PGA<br>/g | PGV<br>/(cm · s$^{-1}$) | PGD<br>/cm |
| --- | --- | --- | --- | --- | --- | --- |
| HOS090 | Northridge | San Bernardino–E & Hosp | 110.4 | 0.085 | 5.90 | 0.97 |
| HOS180 | Northridge | San Bernardino–E & Hosp | 110.4 | 0.096 | 6.50 | 1.34 |
| RIV180 | Northridge | Riverside–Airport | 101.3 | 0.059 | 2.70 | 0.28 |
| RIV270 | Northridge | Riverside–Airport | 101.3 | 0.064 | 3.10 | 0.50 |
| SBG000 | Northridge | Santa Barbara–UCSB Goleta | 111.3 | 0.078 | 7.00 | 1.46 |
| SBG090 | Northridge | Santa Barbara–UCSB Goleta | 111.3 | 0.069 | 6.70 | 1.57 |

**续表 5.2**

| 编号 | 地震 | 台站 | 断层距/km | PGA/g | PGV/(cm·s⁻¹) | PGD/cm |
|------|------|------|-----------|-------|--------------|--------|
| HIK000 | Kobe | HIK | 94.2 | 0.141 | 15.60 | 3.08 |
| HIK090 | Kobe | HIK | 94.2 | 0.148 | 15.40 | 1.96 |
| OKA000 | Kobe | OKA | 89.3 | 0.081 | 4.80 | 2.12 |
| OKA090 | Kobe | OKA | 89.3 | 0.059 | 3.20 | 1.62 |

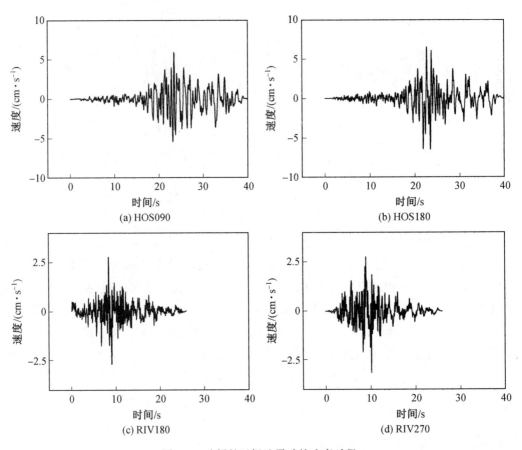

图 5.2　选择的远场地震动的速度时程

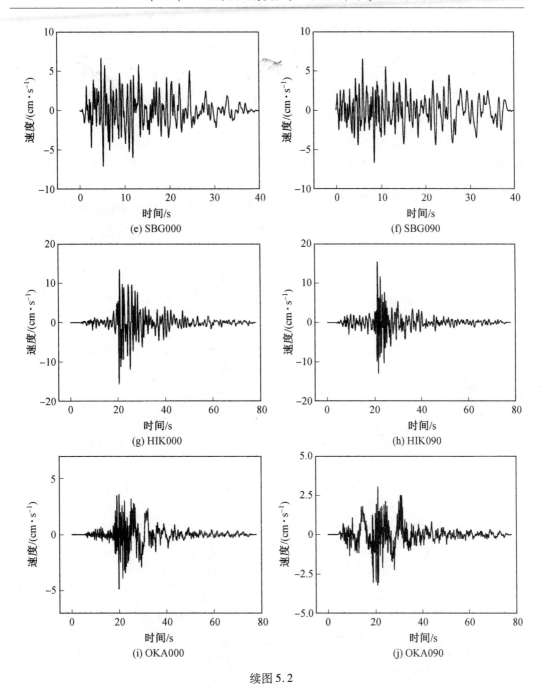

续图 5.2

图 5.3(a)、(c)、(e)给出了选择的 15 条近断层地震动与 10 条远场地震动的加速度反应谱、速度反应谱和位移反应谱,图 5.3(b)、(d)、(f)为其相应的标准化反应谱,其中对于近断层地震动,在给出平均反应谱的同时给出了每条地震动对应的谱曲线,对于远场地震动仅给出平均后的曲线。图中细线表示每条近断层地震动所对应的反应谱曲线。

通过观察可以发现,近断层脉冲型地震动不同于远场地震动的一些基本特征,对于加速度反应谱,远场地震动反应谱的峰值段较短,表现为在较小的周期下就达到峰值,然后迅速下降；近断层地震动反应谱的峰值段则较长，下降也较平缓，这将导致更多的结构进入加速度控制段，较长的加速度控制段将使更多的结构受到更强烈的地震作用力。对于速度反应谱，远场地震动表现出与加速度反应谱相似的性质，在较小的周期下就达到峰值，然后迅速下降；近断层地震动反应谱虽然随周期增加而下降，但趋势很缓，峰值点向长周期方向移动，可以想象，若近断层地震动与远场地震动有相同的反应谱最大值，近断层地震动因中长周期谱值大，将会增加对长周期结构的需求。对于位移反应谱，近断层地震动和远场地震动反应谱的谱形差别不大，但峰值点有向长周期方向移动的趋势，谱形沿周期变化较平缓。将反应谱的纵轴进行规准化，可以消除不同地震动强度对反应谱的影响。从给出的加速度、速度和位移的规准化反应谱可以发现，规准化后的近断层地震动谱值并不像没有进行规准化时谱值显著大于远场地震动，即放大系数并不大于远场地震动。

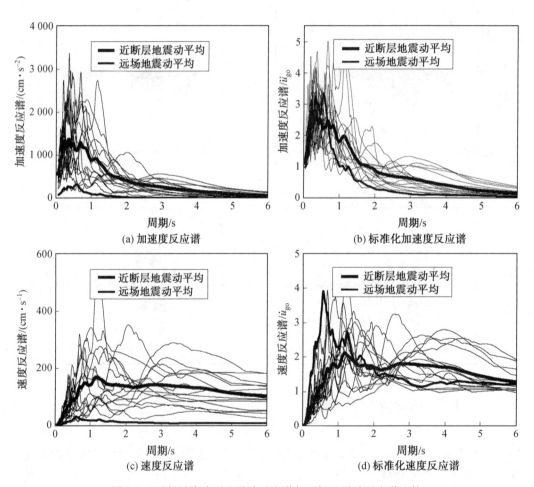

图 5.3　近断层脉冲型地震动反应谱与远场地震动反应谱比较

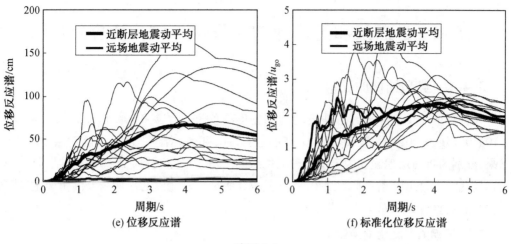

(e) 位移反应谱　　　　　(f) 标准化位移反应谱

续图 5.3

## 5.3.2 选取的典型结构

考虑了 2 个钢筋混凝土框架结构,分别为 5 层和 15 层结构,为了叙述方便,将结构进行编号,用 FR5 和 FR15 表示,选取结构的主要特征列于表 5.3 中,结构的立面图如图 5.4 所示。

表 5.3 选取结构的特征参数

| 编号 | 结构类型 | 层数 | 跨数 | 榀数 | $a_1$/mm | $a_2$/mm | $a_3$/mm | $T_1$/s |
|------|----------|------|------|------|----------|----------|----------|---------|
| FR5 | 框架 | 5 | 3 | 1 | 6 000 | 2 400 | 6 000 | 0.823 |
| FR15 | 框架 | 15 | 3 | 1 | 6 900 | 3 300 | 6 900 | 2.217 |

注:(1) $a_1$、$a_2$ 和 $a_3$ 为第一跨、第二跨和第三跨的跨度;(2) $T_1$ 为结构基本周期。

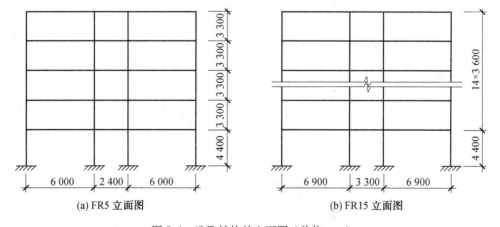

(a) FR5 立面图　　　　　(b) FR15 立面图

图 5.4 选取结构的立面图(单位:mm)

## 5.4　近断层和远场地震动作用下结构反应对比

### 5.4.1　典型结构的反应

在进行地震反应分析时对地震动的加速度峰值进行了调整,取由 $0.05g$,一直经过 $0.10g$、$0.15g$、$0.20g$、$0.25g$、$0.30g$、$0.35g$ 变化到 $0.40g$。对于近断层地震动给出了 4 组结果,分别为近断层地震动中 3 组地震动每组的平均结果曲线和 1 条总平均结果曲线,对于远场地震动给出 1 条总平均结果曲线,其中 3 组地震动每组的平均结果仅用于比较,在下文中的数据皆针对总平均结果而言。

#### 1. 5 层钢筋混凝土框架结构

图 5.5 给出了对应于不同地震动峰值水平的结构顶点位移最大值。无论是在近断层地震动作用下还是在远场地震动作用下,结构顶点位移最大值均随地震动峰值的增加而增加,但这种增加的速率在近断层脉冲型地震动作用时较大。当地震动峰值相同时,近断层地震动引起的结构顶点位移反应大于远场地震动引起的反应,地震动峰值较小时两者引起的顶点位移反应接近,此时前者作用下的反应稍大于后者,但随着地震动峰值的增加差距增加,在不同峰值地震动作用下两类地震动顶点位移最大值之间的差距分别为 13.6 mm、28.8 mm、43.1 mm、63.6 mm、87.5 mm、116.0 mm、152.0 mm 和 181.9 mm。在不同峰值的两类地震动作用下的结构顶点最大位移分别为 26.0 mm、57.6 mm、87.2 mm、119.8 mm、156.5 mm、196.3 mm、241.6 mm、281.1 mm 和 12.5 mm、28.8 mm、44.2 mm、56.2 mm、69.0 mm、80.3 mm、89.6 mm、99.2 mm,对比相同地震动峰值对应的顶点位移反应可以看出,此结构在相同峰值的近断层地震动和远场地震动作用下结构顶点位移最大值可增加一倍以上。

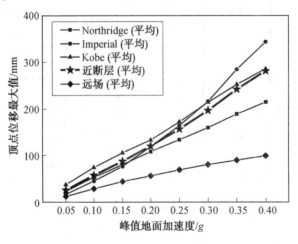

图 5.5　不同地震动峰值作用下结构 FR5 顶点位移最大值

　　结构在地震动作用下,可能在顶点位移没有达到破坏限值之前,而由于层间相对位移过大引起结构破坏。因此,考察结构在非弹性阶段的反应行为,还应该考察层间相对位移角。图 5.6 给出了对应于不同地震动峰值水平的结构层间位移角最大值,可以看出近断层地震动和远场地震动对结构层间位移角最大值的不同影响情况。在两类地震动作用下,结构层间位移角最大值均随地震动峰值的增加而增加,但这种增加的速率在近断层地震动作用时较大,相应曲线的斜率也大。在相同峰值的地震动作用下,近断层地震动的 3 条平均曲线和 1 条总平均曲线均位于远场地震动曲线的上方,说明与远场地震动相比,近断层地震动引起的结构层间位移角更大,地震动峰值较小时两者引起的层间位移角最大值差距较小,但随着输入地震动峰值的增加这种差距增加。在不同峰值的近断层地震动作用下和远场地震动作用下的结构层间位移角最大值分别为 0.21%、0.47%、0.74%、1.03%、1.34%、1.68%、2.07%、2.39% 和 0.10%、0.23%、0.35%、0.44%、0.54%、0.64%、0.70%、0.79%,经过对比可以看出,对此结构近断层地震动引起的层间位移角,与远场地震动相比可以增加一倍以上。

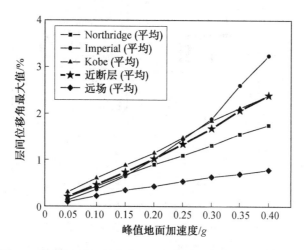

图 5.6　不同地震动峰值作用下结构 FR5 层间位移角最大值

　　层间位移角最大值沿层高的分布可用于考察结构不同部位的变形情况和寻找结构薄弱环节。图 5.7 为加速度峰值为 0.20g 和 0.40g 时此结构各层间位移角最大值沿楼层的分布情况。经过对比可以看出,在相同峰值地震动作用下,近断层地震动引起的层间位移角最大值在结构的中下部远大于由远场地震动引起的层间位移角最大值,可达两倍以上。而在结构上部,这种差距变得非常小,近断层 Imperial 地震动引起的层间位移角最大值甚至小于远场地震动引起的层间位移角最大值。可以认为,在结构上部近断层地震动和远场地震动引起的结构层间位移角最大值不存在明显的差异。

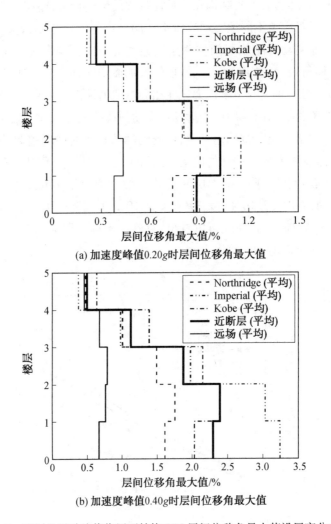

(a) 加速度峰值0.20g时层间位移角最大值

(b) 加速度峰值0.40g时层间位移角最大值

图 5.7　不同地震动峰值作用下结构 FR5 层间位移角最大值沿层高分布

　　图 5.8 给出了对应于不同地震动峰值水平的结构基底剪力最大值。经过对比可以看出,近断层地震动的 3 条平均曲线和 1 条总平均曲线均位于远场地震动曲线的上方,说明在相同峰值地震动的作用下,近断层地震动引起的基底剪力最大值与远场地震动相比较大。在近断层地震动作用下,结构基底剪力最大值在 0.20g 之后基本不再增长,说明结构底层此时已经屈服,而远场地震动因产生的基底剪力相对较小,曲线一直呈上升趋势,当地震动峰值达到 0.40g 时,结构底层才屈服,这时两类地震动产生的基底剪力接近。

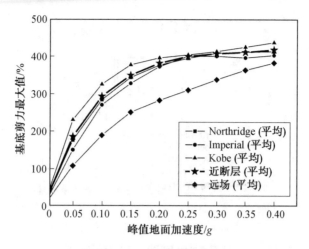

图 5.8　不同地震动峰值作用下结构 FR5 基底剪力最大值

　　同时考察了层间剪力最大值沿层高的分布情况。图 5.9 为加速度峰值为 $0.10g$ 和 $0.30g$ 时此结构的各层间剪力最大值沿楼层的分布。可以看出,层间剪力最大值均发生在结构底层,沿层高逐渐减小。相同峰值的地震动作用下,在结构的中下部由近断层脉冲型地震动引起的层间剪力最大值大于由远场地震动引起的层间剪力最大值。而在结构上部,加速度峰值在 $0.10g$ 时两类地震动作用下的层间剪力最大值非常接近,加速度峰值在 $0.30g$ 时这种接近的现象更加明显,在某些情况下,近断层地震动引起的层间剪力最大值可能小于远场地震动引起的层间剪力最大值。对比加速度峰值在 $0.10g$ 和 $0.30g$ 时的层间剪力最大值沿层高的分布情况,可以发现它们之间的差距在 $0.10g$ 时更明显,这是由于在 $0.30g$ 的两类地震动的作用下结构都发展了较多的塑性、剪力增加不明显的结果。

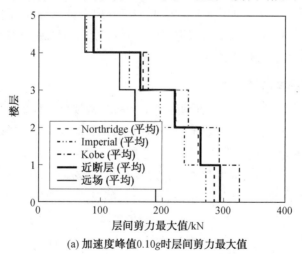

(a) 加速度峰值 $0.10g$ 时层间剪力最大值

图 5.9　不同地震动峰值作用下结构 FR5 层间剪力最大值沿层高分布

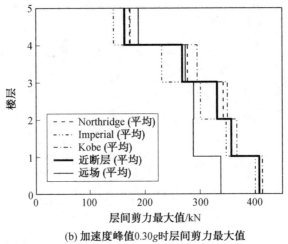

(b) 加速度峰值0.30g时层间剪力最大值

续图 5.9

综合上述分析,此结构在近断层地震动和远场地震动作用下的反应存在很大的差异。即使在峰值相同的地震动作用下,近断层地震动和远场地震动相比引起的结构顶点位移明显增大,这种增加量可在一倍以上;在峰值相同的地震动作用下,近断层地震动对层间相对位移能力的需求更高,两种类型地震动在层间位移角最大值的差距也可达到一倍以上,对于一给定的地震动峰值,在结构的中下部近断层地震动引起的层间位移角最大值远大于由远场地震动引起的层间位移角最大值,而在结构的上部,两种类型地震引起的层间位移角最大值很接近;在峰值相同的地震动作用下,近断层地震动引起的基底剪力最大值与远场地震动相比较大;对于一给定的地震动峰值,近断层地震动引起的层间剪力最大值在结构的中下部远大于由远场地震动引起的层间剪力最大值,而在结构的上部,两种类型地震引起的层间剪力最大值很接近,随着结构各部分相继进入屈服阶段,两种类型地震动引起的层间剪力最大值差距减小。

**2. 15 层钢筋混凝土框架结构**

图 5.10 给出了对应于不同地震动峰值水平的结构顶点位移最大值。可以看出,无论在近断层地震动作用下还是在远场地震动作用下,结构顶点最大位移均随输入地震动峰值的增加而增加,但这种增加的速率在近断层脉冲型地震动作用时较大,表现为前者对应曲线的斜率大于后者。通过对峰值相同地震动作用下反应的对比,可以看出近断层地震动引起的结构顶点位移反应大于远场地震动引起的反应,地震动峰值较小时两者引起的顶点位移反应差距较小,但随着输入地震动峰值的增加,它们之间的差距呈上升趋势,对应于不同地震动峰值的差距分别为 55.1 mm、114.5 mm、167.8 mm、220.4 mm、270.7 mm、316.5 mm、350.7 mm、385.8 mm。不同峰值作用下近断层地震动和远场地震动产生的结构顶点最大位移分别为 72.86 mm、146.45 mm、217.49 mm、290.91 mm、360.68 mm、424.11 mm、477.78 mm、527.25 mm 和 17.80 mm、31.94 mm、49.68 mm、70.52 mm、90.40 mm、107.66 mm、127.05 mm、141.45 mm,可以看出,此结构在相同峰值

的近断层地震动和远场地震动作用下的结构顶点位移最大值可增加两倍以上。

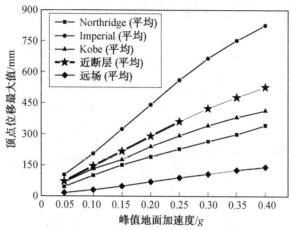

图 5.10　不同地震动峰值作用下结构 FR15 顶点位移最大值

图 5.11 给出了计算对应于不同地震动峰值水平的结构层间位移角最大值。在峰值相同的地震动作用下,近断层地震动的 3 条平均曲线和 1 条总平均曲线均位于远场地震动曲线的上方,说明近断层地震动引起的结构层间位移角反应大于远场地震动引起的反应,地震动峰值较小时两者引起的层间位移角最大值差距较小,但随着输入地震动峰值的增加这种差距增加。在不同峰值的近断层地震动作用下和远场地震动作用下,结构层间位移角最大值分别为 0.22%、0.47%、0.71%、0.95%、1.19%、1.42%、1.65%、1.86% 和 0.06%、0.12%、0.20%、0.28%、0.38%、0.45%、0.50%、0.55%,可以看出,对于此结构,相同地震动峰值的两类地震动引起的层间位移角最大值反应,与远场地震动相比,近断层地震动引起的反应可以增加两倍以上。

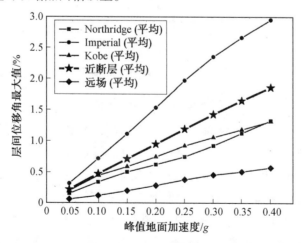

图 5.11　不同加速度峰值作用下结构 FR15 层间位移角最大值

图 5.12 给出了加速度峰值为 0.20$g$ 和 0.40$g$ 时,此结构的各层间位移角最大值沿楼层的分布情况。在峰值相同地震动作用下,近断层地震动引起的层间位移角最大值在结

构的中下部远大于由远场地震动引起的层间位移角最大值,对于总平均值,这种增大可达到三倍以上,而在结构上部近断层地震动和远场地震动引起的结构层间位移角最大值非常接近。

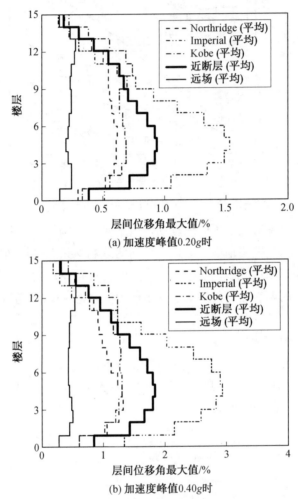

图 5.12　不同地震动峰值作用下结构 FR15 层间位移角最大值

图 5.13 给出了对应于不同地震动峰值水平的结构基底剪力最大值。在图中近断层地震动的 3 条平均曲线和 1 条总平均曲线均位于远场地震动曲线的上方,说明对于相同地震动峰值输入,近断层地震动引起的基底剪力最大值要大于远场地震动。两类地震动作用下结构基底剪力一直呈增长趋势,说明此结构屈服后底层仍有较大刚度。图 5.14 为加速度峰值为 0.10$g$ 和 0.30$g$ 时此结构的各层间剪力最大值沿层高的分布情况。可以看出,层间剪力最大值均发生在结构底层,并且在总体趋势上沿层高逐渐减小。峰值相同的地震动作用下,在结构的中下部由近断层脉冲型地震动引起的层间剪力最大值大于由远场地震动引起的层间剪力最大值。而在结构上部,两者很接近,在某些情况下,近断层脉冲型地震动引起的层间剪力最大值可能更小。两者层间剪力最大值之间的差距在 0.10$g$

时更明显。

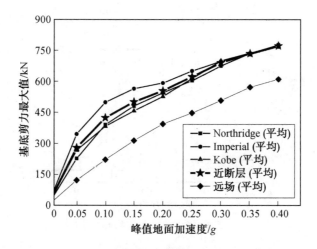

图 5.13　不同地震动峰值作用下结构 FR15 基底剪力最大值

综合上述分析,对于此结构,在峰值相同的地震动作用下,近断层地震动将引起更大的结构顶点位移,这种增加量可在两倍以上;在峰值相同的地震动作用下,近断层脉冲型地震动对层间相对位移能力的需求更高,层间位移角最大值的差距可达到一倍以上,对于一给定加速度峰值,在结构的中下部近断层地震动引起的层间位移角最大值大于由远场地震动产生的层间位移角最大值,而在结构的上部,两类地震动产生的层间位移角最大值非常接近;近断层地震动引起的基底剪力最大值与远场地震动相比较大,对于一给定地震动峰值,近断层地震动引起的层间剪力最大值在结构的中下部远大于远场地震动引起的层间剪力最大值,而在结构的上部基本上无差距。

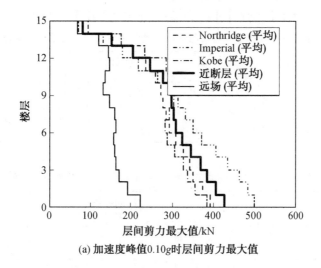

(a) 加速度峰值0.10g时层间剪力最大值

图 5.14　不同加速度峰值作用下结构 FR15 层间剪力最大值沿层高分布

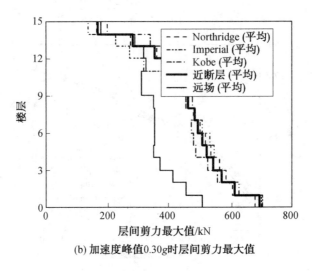

(b) 加速度峰值0.30g时层间剪力最大值

续图 5.14

通过以上对两个结构的分析,可以得出以下结论,在峰值相同的地震动作用下,近断层地震动与远场地震动相比将引起更大的结构顶点位移,对层间相对位移能力的需求更高,引起的基底剪力更大。为了更清楚地说明近断层地震动和远场地震动对结构影响的差别,表5.4~5.6 中给出了近断层地震动相对远场地震动对顶点位移、层间位移角最大值和基底剪力的放大情况。可以看出在近断层地震动作用下,结构的反应将显著增大;峰值相同的地震动作用下,对顶点位移和层间位移角的放大要大于对基底剪力的放大,这说明近断层地震动对结构位移反应的影响更显著;对基底剪力的影响在弹性时更明显。总体来讲,对长周期结构要比对短周期结构的影响更大一些,但对于实际结构,这与结构整体的动力特性有关,还与结构进入塑性后破坏的情况有关。上述分析结果表明,近断层区域的建筑结构应该设计得更强,同时在大强度地震动作用下的变形验算也需要特别注意。

表5.4　近断层地震动与远场地震动作用下顶点位移最大值比

| 结构编号 | 地震动峰值 | | | | | | | |
|---|---|---|---|---|---|---|---|---|
| | 0.05g | 0.10g | 0.15g | 0.20g | 0.25g | 0.30g | 0.35g | 0.40g |
| FR5 | 2.1 | 2.0 | 2.0 | 2.1 | 2.3 | 2.4 | 2.7 | 2.8 |
| FR15 | 4.1 | 4.6 | 4.4 | 4.1 | 4.0 | 3.9 | 3.8 | 3.7 |

表5.5　近断层地震动与远场地震动作用下层间位移角最大值比

| 结构编号 | 地震动峰值 | | | | | | | |
|---|---|---|---|---|---|---|---|---|
| | 0.05g | 0.10g | 0.15g | 0.20g | 0.25g | 0.30g | 0.35g | 0.40g |
| FR5 | 2.1 | 2.0 | 2.1 | 2.3 | 2.5 | 2.6 | 3.0 | 3.0 |
| FR15 | 3.7 | 3.9 | 3.6 | 3.4 | 3.1 | 3.2 | 3.3 | 3.4 |

**表 5.6　近断层地震动与远场地震动作用下基底剪力最大值比**

| 结构编号 | 地震动峰值 | | | | | | | |
|---|---|---|---|---|---|---|---|---|
| | 0.05g | 0.10g | 0.15g | 0.20g | 0.25g | 0.30g | 0.35g | 0.40g |
| FR5 | 1.7 | 1.6 | 1.4 | 1.3 | 1.3 | 1.2 | 1.1 | 1.1 |
| FR15 | 2.3 | 1.9 | 1.6 | 1.4 | 1.4 | 1.4 | 1.3 | 1.3 |

### 5.4.2　地震动参数与结构破坏的相关性

一般来说,常用的地震动参数可以通过两种办法从地震动记录中得到,一种不需进行计算或仅作简单的计算便可从记录中直接获得,另一种则要通过引入一个单自由度结构,从它对地震动的反应中间接获得。前者包括地面峰值加速度、地面峰值速度、地面峰值位移和地震动能量密度等;后者包括反应谱参数和有效峰值加速度等。地震动参数包含大量的和地震破坏有关的信息,是研究地震作用以及结构在地震中行为极为重要和宝贵的资料。地震动参数与结构破坏之间有着一定的关系,这种关系的获得有重要的理论及实用意义。对两个钢筋混凝土框架结构进行非弹性动力分析,得到这两个结构的整体破坏指数,然后通过计算随机变量相关性的方法研究地震动参数和结构整体破坏之间的相关性。如果某个参数与结构整体破坏之间的相关性较大,则认为可以用其来估计结构的破坏程度。

选择如下地震动参数进行分析:地面峰值加速度(PGA)、地面峰值速度(PGV)和地面峰值位移(PGD),峰值地面速度与峰值地面加速度的比值(PGV/PGA),有效峰值加速度(EPA);由于三个反应谱参数间有近似的联系,这里只选择谱加速度($S_a$)和谱速度($S_v$),其中 $S_a$ 是规范中普遍采用的参数,而 $S_v$ 在一定程度上可以反映近断层地震动中的长周期速度脉冲效应;地震动能量密度($E_\rho$),Arias 强度($I_o$)。

有效峰值加速度用下式计算:

$$EPA = \frac{S_{a,0.1\sim0.5\,s平均}(\xi=0.05)}{2.5} \tag{5.1}$$

式中,$\xi$ 为单自由度弹性体系的阻尼比。

地震动能量密度 $E_\rho$ 表示地震过程中单位质量介质所携带的动能,用下式计算:

$$E_\rho = \int_{t_b}^{t_e} m\dot{u}^2(t)\,dt \tag{5.2}$$

式中,$t_b$ 为地震动开始时刻;$t_e$ 地震动结束时刻;$m$ 为单位质量,计算时取为1;$\dot{u}(t)$ 为 $t$ 时刻地面速度。

Arias 强度表示地震过程中单自由度结构单位质量所消耗的能量,用下式计算:

$$I_0 = \frac{\pi}{2g}\int_{t_b}^{t_e} \ddot{u}^2(t)\,dt \tag{5.3}$$

式中,$t_b$ 为地震动开始时刻;$t_e$ 为地震动结束时刻;$\ddot{u}(t)$ 为 $t$ 时刻地面加速度。

结构破坏程度用结构整体破坏指数(OSDI)来描述,计算采用了 Park&Ang 模型,相关性计算采用了 Pearson 相关性系数。近断层地震动参数和四个结构整体破坏指数(OSDI)的相关性见表5.7。从表中可以看出,峰值参数中 PGA 与结构破坏程度的相关性较差(0.161~0.288),PGV 和 PGD 与结构破坏程度的相关性较好(0.578~0.667,0.619~0.777);作为近断层地震动显著特征之一的 PGV/PGA 与结构破坏程度的相关性较差(0.054~0.169);EPA 与结构破坏程度的相关性较差(0.094~0.210);谱参数 $S_a$ 和 $S_v$ 与结构破坏程度的相关性较差(0.261~0.495,0.198~0.441);Arias 强度与结构破坏程度的相关性较差(0.062~0.211);能量密度 $E_\rho$ 与结构破坏程度的相关性较好(0.736~0.795)。

表 5.7　近断层地震动参数与结构整体破坏指数的相关性

| 结构编号 | 地震动参数 | | | | | | | | |
|---|---|---|---|---|---|---|---|---|---|
| | PGA | PGV | PGD | PGV/PGA | EPA | $S_a$ | $S_v$ | $E_\rho$ | $I_o$ |
| OSDI (FR1) | 0.288 | 0.667 | 0.619 | 0.054 | 0.210 | 0.261 | 0.198 | 0.736 | 0.211 |
| OSDI (FR4) | 0.161 | 0.578 | 0.777 | 0.169 | 0.094 | 0.495 | 0.441 | 0.795 | 0.062 |

值得指出的是,在震害评估中经常采用峰值参数 PGA,近断层环境峰值参数 PGA 与结构破坏程度的相关性仅在 0.161~0.288 之间。与以往未考虑近断层脉冲型地震动得到的结果相比,近断层脉冲型地震动参数和结构破坏程度之间的相关性是较低的,这种差别的产生可能来自于以下原因:地震动参数与结构破坏程度之间具有一定的相关性,但这种相关性受到一些因素的影响,近断层问题比较复杂,影响因素众多,如震源机制、断层距、破裂方向性效应等,而不同的影响因素对不同地震动参数的影响是不一样的,相比之下,远场地震动受这些因素的影响较小,所以表现出的相关性好于近断层。近断层环境 PGV、PGD 和 $E_\rho$ 与结构的破坏程度相关性较好,在估计结构的破坏程度和震害评估时可以采用。

## 5.5　简单脉冲作用下的结构反应

近断层地震动在方向性效应的影响下,速度时程往往表现出包含单个或多个脉冲的波形,如果能在满足一定精度的情况下使用简单脉冲模型代替近断层地震动,将会给理论研究和实际应用带来很大的方便。对简单脉冲作用下的结构反应进行研究,可以更深入地了解近断层地震动对结构反应的影响。一方面由于近断层地震动本身所具有的简单的波形特点,另一方面由于受到近断层地震动数量和质量的限制,这种方法被视为一种可行的选择。

在对实际近断层地震动波形观察的基础上,本节使用了三种形式的简单脉冲模型:单脉冲、全脉冲和考虑多幅值不等性的多脉冲。对简单脉冲和实际的近断层地震动作用下的弹性反应谱、单自由度非弹性反应、多自由度非弹性反应进行了对比,结果表明简单脉冲可以在一定程度上代表实际的近断层地震动。应该说脉冲模型的形式也可以做得很复杂,让其更像近断层地震动,各有优势,简单和复杂之间应该根据实际情况选用。

### 5.5.1　采用的简单脉冲模型

许多学者对近断层地震动进行了研究,提出了多种形式简单的脉冲模型,大致包括以下几类:(1)将速度脉冲简化为三角形波,此时加速度为分段常数,表现为矩形波;(2)将速度脉冲用分段二次多项式曲线近似,此时加速度为分段直线,表现为三角形波;(3)将加速度脉冲简化成正弦或余弦波,此时速度也为正弦或余弦波;(4)将速度脉冲用正弦函数乘指数函数的方式近似;(5)将速度脉冲用小波函数近似。因为绝大多数情况下是以加速度时程作为输入激励,所以以上模型在使用时最终都需转化为加速度模型的形式。在这种转化的过程中,出现了以下两种方式:(1)直接用模型近似加速度时程中的脉冲,分析时也直接采用加速度脉冲模型,此时不需转化,如上面提到的(3),这种模型可称为加速度脉冲模型;(2)直接模拟速度脉冲,分析时将速度脉冲模型转化为加速度脉冲模型,如上面提到的(1)、(2)、(4)和(5),这种模型可称为速度脉冲模型。

那么这两种方法是否有差别呢? 首先应该指出,对于实际地震动,速度中的脉冲不一定是加速度中含有脉冲的结果,而可能是由于加速度平均后不为零引起的,所以速度为脉冲型的实际地震动加速度并不一定为脉冲型,但是目前在建立脉冲模型时均认为加速度和速度脉冲模型有直接的关系,它们之间可以通过积分或微分的方式相互转化。对不同的脉冲类型进行比较后,结论如下:对一给定的地震动进行近似,如果采用加速度脉冲模型,则与加速度波形吻合最好,积分后与速度及位移的波形有一定差距,与原地震动反应谱吻合较好,对于不同的脉冲模型(如矩形、三角形和正余弦型,皆指加速度模型而言)之间,即使在近似加速度时有一些差距,但积分后得到的速度差距很小,位移差距更小,几乎会重合在一起,因为是用加速度进行输入,所以加速度模型能更准确地反映原地震动对结构的影响。但加速度脉冲模型的适用性很差,因为很多加速度记录中脉冲并不明显或无脉冲,再者加速度记录形状复杂,很难合理地对其形状进行近似,若没能正确地近似加速度记录中的控制脉冲,精度反而急剧下降;如果对地震动中的位移波形进行近似,则与位移波形吻合最好,与原地震动反应谱之间的差距较采用加速度模型时大,对于不同的脉冲模型(如矩形、三角形和正余弦型,皆指加速度脉冲模型而言)之间,即使在近似位移时有较小的差距,微分后得到的速度差距也较大,加速度差距更大,因为是用加速度进行输入,所以采用近似位移波形的方法与采用加速度模型相比精度差。相比之下,采用速度脉冲模型则是同时兼顾适用性和近似精度的最好方法。而且,通过对大量近断层地震动波形的观察,可以看到速度脉冲最常见,脉冲波形最显著,这也预示应该首先从速度入手。

P-1 型速度脉冲,如图 5.15(a)所示,表现为一个方向的单速度脉冲,此类型脉冲位移时程中将产生永久性位移,可用来表示由于滑冲效应产生的脉冲。

P-2 型速度脉冲,如图 5.15(b)所示,表现为先是一个方向的单速度脉冲,然后转向相反方向产生幅值相近的另一个单速度脉冲,此类型脉冲位移时程中最终位移为零,可用来表示由于向前的方向性效应产生的脉冲。

并不是所有的近断层地震动的波形均像 P-1 型或 P-2 型,有时在速度时程中会出现多个单脉冲,并且幅值不全相等,这时可以用 P-3$\alpha$ 型速度脉冲来近似,如图 5.15(c)所示,P-3$\alpha$ 型速度脉冲由三段曲线、不同方向的五个单脉冲组成。对于此类模型,位移时程中是否包含永久性位移与 $\alpha$ 的取值有关。

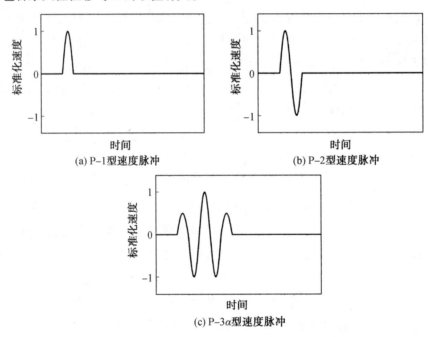

图 5.15　使用的三种简单脉冲模型

对于轻微不对称的脉冲,完全可以用对称型脉冲来近似,而对于不对称的脉冲激励,可以将其不对称部分忽略或用对称脉冲来等效。所以以上选择的脉冲类型 P-2、P-3$\alpha$ 虽均有对称性,但用其来代表绝大多数脉冲是合适的。为方便,将 P-3$\alpha$ 型脉冲简称为 P-3 型脉冲。为了验证脉冲模型与实际地震动的符合程度,针对采用近断层地震动,给出了其中三条地震动的脉冲模型与实际地震动的比较图,包括加速度、速度和位移三项,如图 5.16所示。从对比的结果可以看出,虽然给出的脉冲模型形式上较简单,但能在波形上较好地近似实际地震动中的主震段,可以反映脉冲型地震动的主要特征。对于加速度,不能从数值上完全近似,但可以反映加速度时程的波形走向;对速度时程的近似不但波形上接近程度较好,而且数值上也较接近。对于位移时程 5.16(b)的近似程度较好,图 5.16(a)和 5.16(c)因产生了永久性位移而与原地震动差距较大,这种现象产生的原因是RRS228、SPV270 和 HE07230 三条地震动中的脉冲皆为受前方向性效应影响而产生的,所以位移时程中的最终位移均为零,由于采用的近断层地震动没有因为滑冲效应产生的,所以这里忽略了脉冲产生机制而仅考虑了速度波形上的相似,造成了位移时程中有差距。

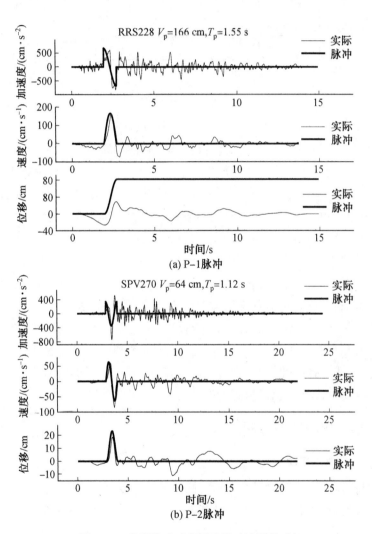

图 5.16　简单脉冲对实际地震动波形的近似

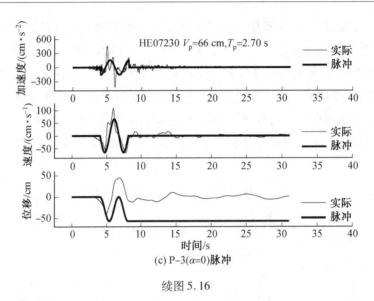

(c) P-3($\alpha$=0)脉冲

续图 5.16

再了解和补充一下三种类型脉冲加速度、速度和位移的特点。P-1 脉冲,这种类型脉冲用来近似在速度时程中包含一个大幅值的、指向一个方向的脉冲的地震动,或用来模拟在速度时程中包含一个大幅值的、指向一个方向的脉冲,同时在这个脉冲前后包含相反方向的幅值较小的脉冲的地震动,位移时程中表现出一个方向的大的永久性位移。可以想象,如果在速度时程中正脉冲和负脉冲产生的面积接近,永久性位移将会很小。加速度时程中的脉冲为半余弦型,这种脉冲可称为单脉冲。P-2 脉冲,这种类型脉冲用来近似在速度时程中包含一个大幅值的、指向一个方向的脉冲,接着出现一个幅值相近朝向相反方向的脉冲的地震动,由于在速度时程中正脉冲和负脉冲产生的面积接近相等,因此无永久性位移。加速度时程中的脉冲为全余弦型,这种脉冲可称为全脉冲。P-3 脉冲,这种类型脉冲可用来近似速度时程中包含有多脉冲的地震动,考虑到一般的速度脉冲中主脉冲只有 1~3 个,通过对 $\alpha$ 的调整,可以表示 1.5~2.5 个完整脉冲周期的波形,其中可能包含 3 个或 5 个单方向脉冲。残余位移与 $\alpha$ 的取值有关,加速度时程也表现为多脉冲形式。

## 5.5.2　单自由度体系反应

### 1. 简单脉冲的弹性反应谱

在用简单脉冲模型进行反应谱分析之前,有必要考察其与实际地震动反应谱的符合程度,了解简单脉冲模型的适用条件和使用范围。仍采用图 5.16 中的三条地震动,简单脉冲模型与相应实际地震动的反应谱如图 5.17 所示。从比较的结果可以看出,简单脉冲模型可以在一定程度上反映实际地震动的反应谱形,和实际地震动相比,没有局部的小尖峰,谱显得比较平滑。总体来说,对速度和位移反应谱的近似程度较好,对加速度反应谱,短周期简单脉冲模型的谱值较实际地震动小(在 HE07230 中很明显),这是由实际地震动中高频分量的影响造成的,而并非脉冲本身的差别。需指出的是,用于比较的简单脉冲仅仅是从波形的角度上对实际地震动进行了粗略的近似,但产生的效应可以如此接近,说明了用简单脉冲代替实际地震动的可行性。

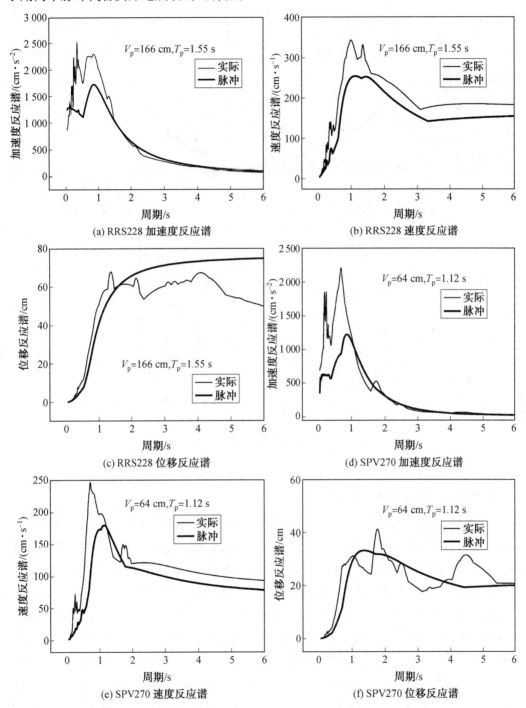

图 5.17  简单脉冲对实际地震动反应谱的近似

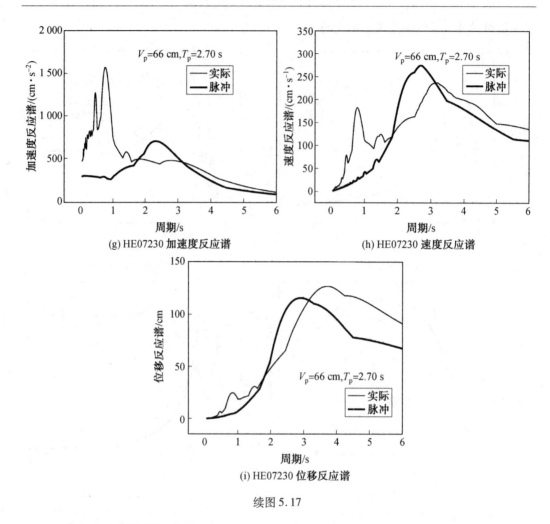

(g) HE07230 加速度反应谱　　　　　　　(h) HE07230 速度反应谱

(i) HE07230 位移反应谱

续图 5.17

## 2. 单自由度非弹性体系反应

单自由度非弹性体系采用了三线型恢复力模型,其上的第一和第二控制点分别对应开裂和屈服,考虑强度退化、捏拢行为,卸载刚度取和初始刚度一致,模型中各参数的确定方法如下:屈服强度 $V_y$ 取为 $V_y = C_y G$,其中 $C_y$ 为屈服强度系数,$G$ 为体系质量。一般地,对于钢筋混凝土结构,开裂位移取屈服位移的 $0.25 \sim 0.8$ 倍,开裂刚度取初始刚度的 $0.4 \sim 0.5$ 倍,本节开裂强度 $V_c$ 取为 $0.75 V_y$,相当于开裂位移取屈服位移的 $0.6$ 倍,开裂刚度取为初始刚度的 $0.5$ 倍,第三刚度取 $0.01$ 倍的初始刚度,并认为正向加载和反向加载时有相同的恢复力包络线,不存在不对称的情况,正反向恢复力模型控制点坐标取为相反数。

在用简单脉冲模型进行动力分析之前,有必要对其与实际地震动作用效应的符合程度进行比较。选取了初始自振周期分别为 $0.5$ s、$1.0$ s 和 $2.0$ s 的三个结构,屈服强度系数均取 $0.1$。仍采用图 5.16 中的三条地震动,简单脉冲模型与相应的实际地震动作用下单自由度体系时程反应比较的部分结果如图 5.18 所示(初始周期为 $1.0$ s 情况)。对速度反应和位移反应的接近程度要好于加速度反应,可以认为简单脉冲和实际地震动在主振段的反应较接近。

　　图 5.19 给出了单自由度体系在三种简单脉冲作用下的位移反应。可以看出,在简单脉冲的激励作用下,体系反应也表现为脉冲型,容易理解,在脉冲型地震动的作用下,结构反应也将表现为脉冲型。图 5.19 中给出了两种周期比时体系的反应情况,可以看出,不同的脉冲类型和不同的周期比作用下,体系反应存在很大的差异。

　　在脉冲作用时间段内,每隔 $T_p/2$ 左右将出现一次峰值,即脉冲的一次峰值也将引起反应的一次峰值,虽然它们不同步;从反应的幅值来看,P-2 脉冲的位移反应甚至超过了 P-3($\alpha=0.5$)脉冲时的反应,但是相同时间内 P-1 和 P-2 脉冲的反应往返次数少,且每次时间长,P-3 脉冲的反应往返次数多,且每次时间短,所以从结构受到冲击后耗能的角度讲,P-3 脉冲作用下结构可能来不及耗能,加之往返次数增多,破坏性会更大;三种简单脉冲作用下都有残余变形,相比之下 P-2 较明显。

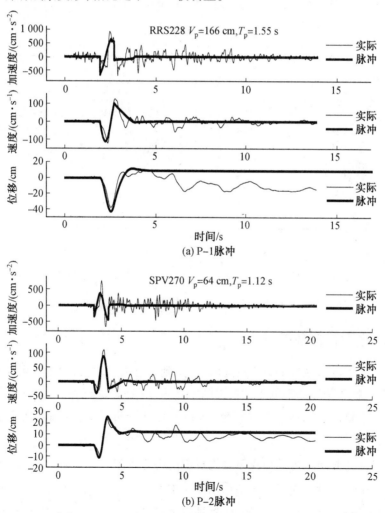

图 5.18　简单脉冲与实际地震动作用下单自由度非弹性体系时程对比

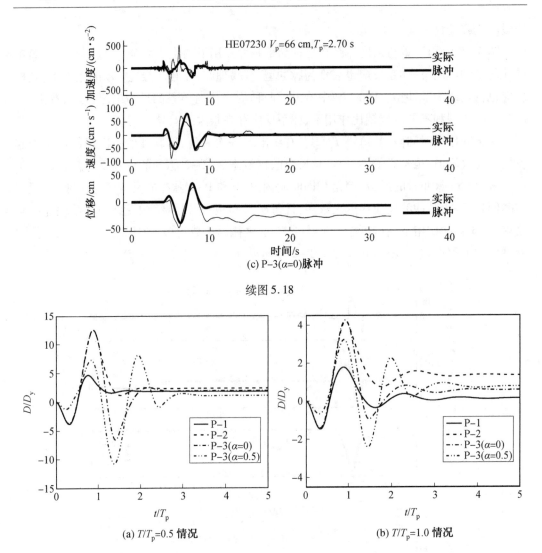

续图 5.18

图 5.19　三种简单脉冲作用下单自由度非弹性体系位移时程

## 5.5.3　多自由度体系反应

在研究多自由度体系的非弹性反应时,考虑到影响因素较多,而逐一列举又是不现实的,仍采用前述的 2 个钢筋混凝土结构中的 FR5 和 FR15。进行弹性分析时,采用刚度等效的方法建立了这两个结构的弹性模型,进行非弹性分析时,仍采用前面章节中使用的模型。

**1. 简单脉冲与实际地震动作用下结构反应的符合程度**

先进行简单脉冲作用下和实际地震动作用下多自由度体系反应时程的比较,为了说明问题,同时不至于占用过多的篇幅,仅对顶点位移进行了对比,结果如图 5.20 和图5.21所示。可以看出,对速度反应和位移反应的接近程度要好于加速度反应,可以认为简单脉冲和实际地震动在主振段的反应较接近。

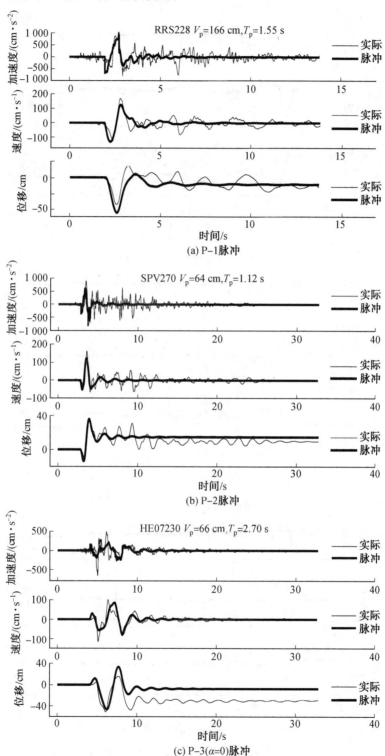

图 5.20　简单脉冲与实际地震动作用下 FR5 顶点时程对比

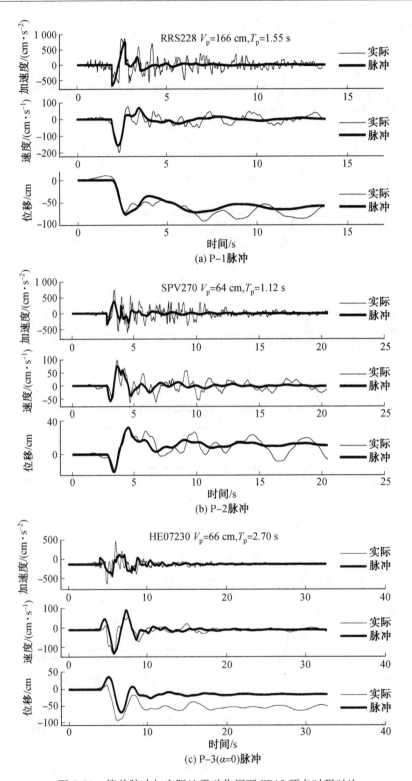

图 5.21　简单脉冲与实际地震动作用下 FR15 顶点时程对比

**2. 多自由度弹性与非弹性体系层间位移角沿楼层分布**

取 $T_p$ 和 $T$ 的三种关系进行研究，分别为 $T_p/T=0.5,1.0$ 和 $2.0$。考察不同的 $T_p/T$ 作用下结构层间位移角沿层高的分布情况。图 5.22 给出了 FR5 和 FR15 在三种简单脉冲作用下的层间位移角最大值沿层高的变化。可以看出，三种 $T_p/T$ 的脉冲激励作用下，无论在弹性时还是在非弹性时都表现出很大的不同。

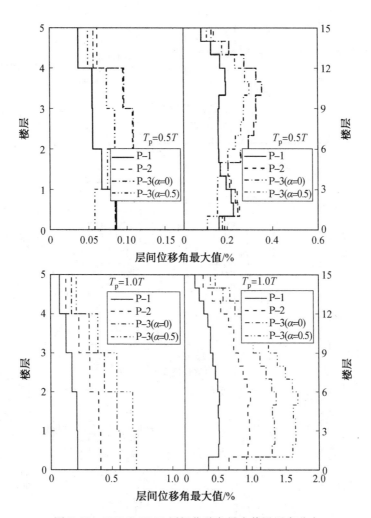

图 5.22　FR5 和 FR15 层间位移角最大值沿层高分布

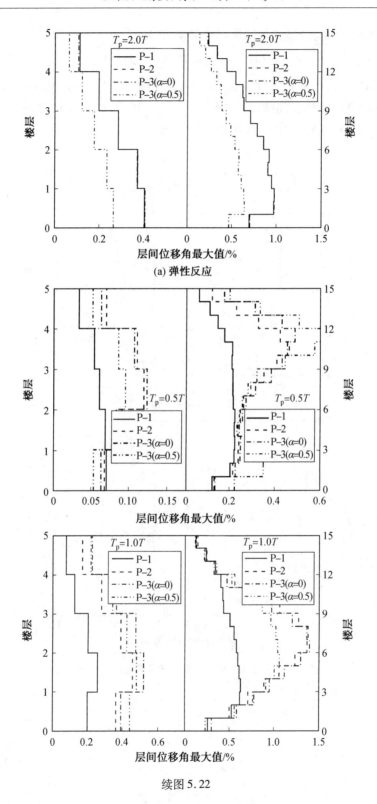

(a) 弹性反应

续图 5.22

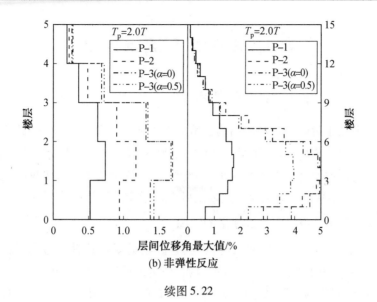

(b) 非弹性反应

续图 5.22

对于弹性反应,在相同的 $T_p/T$ 时,FR5 和 FR15 的层间位移角沿层高的分布模式基本相同。当 $T_p=0.5T$ 时,P-1、P-2 和 P-3 的层间位移角的差异不大,P-1 的层间位移角沿层高分布较均匀,P-2 和 P-3 在结构中上部几层的层间位移角较大;当 $T_p=1.0T$ 时,三类脉冲的层间位移角需求的差异较 $T_p=0.5T$ 时增大,相同层的需求沿 P-1、P-2 和 P-3 依次增加,三类脉冲的层间位移角最大值均出现在结构的下部几层;当 $T_p=2.0T$ 时,P-1、P-2 和 P-3($\alpha=0$) 的层间位移角基本相同,P-3($\alpha=0.5$) 的层间位移最小,层间位移角最大值出现位置进一步下移;结构层间位移角的分布模式和 $T_p/T$ 有关,随 $T_p/T$ 的增大,层间位移角最大值的发生位置下移;P-3 的反应并不总是最不利的,这要看 $T_p/T$ 的具体情况。

对于非弹性反应,在相同的 $T_p/T$ 时,FR5 和 FR15 的转角需求沿层高的分布模式基本相同;当 $T_p=0.5T$ 时,P-1 的层间位移角沿层高分布较均匀,P-2 和 P-3 在结构中上部几层引起的层间位移角较大;当 $T_p=1.0T$ 时,三类脉冲层间位移角间的差异较 $T_p=0.5T$ 增大,相同层的层间位移角沿 P-1、P-2 和 P-3 依次增加,三类脉冲的层间位移角最大值发生位置均有向下移的趋势;当 $T_p=2.0T$ 时,P-2、P-3($\alpha=0$) 和 P-3($\alpha=0.5$) 的层间位移角基本相同,P-1 的层间位移角最小。对于层间位移角沿层高的分布,由于共振产生的位移增大的作用并不明显,层间位移角随 $T_p/T$ 的增大呈增大的趋势。结构层间位移角的分布模式和 $T_p/T$ 有关,随 $T_p/T$ 的增大,层间最大转角的发生位置下移。和弹性反应不同,由于共振产生的位移增大的作用已经不明显,结构层间位移角随 $T_p/T$ 的增大呈增大的趋势。

# 5.6 近断层抗震设计谱

## 5.6.1 规范设计谱对近断层的考虑

由于近年来处于近断层区域的结构在地震中的破坏程度较严重,因此各国都加强了对近断层环境的设防力度,如美国早在 20 世纪 90 年代的 UBC-97 规范中就引入了近断层放大因子。下面简要介绍美国早期的抗震规范(UBC-97,1998)和我国抗震设计规范(GB 50011—2010,2016)中有关考虑近断层效应的规定。

**1. 美国规范(UBC-97)对于近断层的考虑**

UBC-97 规范是很久前的一部规范(已经有数轮更新),但其是考虑近断层效应较早的一部规范,给出的方法也比较简单直观,具有一定的回顾价值。UBC-97 规范将全美国分为 5 个区,各区相应的区划系数见表 5.8。UBC-97 给出的设计反应谱如图 5.23 所示,对于每类地震区给出了相应的地震反应系数 $C_a$、$C_v$,其值见表 5.9,它反映了不同的场地类别所导致的地震动的放大。

表 5.8 UBC-97 中规定的地震分区和相应的区划系数

| 区划 | 1 | 2A | 2B | 3 | 4 |
|---|---|---|---|---|---|
| 区划系数($Z$) | 0.075 | 0.15 | 0.20 | 0.30 | 0.40 |

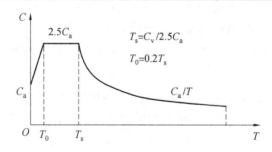

图 5.23 美国 UBC-97 给出的设计反应谱

表 5.9 UBC-97 中规定的地震反应系数

| 场地类别 | 1 | | 2A | | 2B | | 3 | | 4 | |
|---|---|---|---|---|---|---|---|---|---|---|
| | $C_a$ | $C_v$ | $C_a$ | $C_v$ | $C_a$ | $C_v$ | $C_a$ | $C_v$ | $C_a$ | $C_v$ |
| $S_A$ | 0.06 | 0.06 | 0.12 | 0.12 | 0.06 | 0.16 | 0.24 | 0.24 | $0.32N_a$ | $0.32N_v$ |
| $S_B$ | 0.08 | 0.08 | 0.15 | 0.15 | 0.20 | 0.20 | 0.30 | 0.30 | $0.40N_a$ | $0.40N_v$ |
| $S_C$ | 0.09 | 0.13 | 0.18 | 0.25 | 0.24 | 0.32 | 0.33 | 0.45 | $0.40N_a$ | $0.56N_v$ |
| $S_D$ | 0.12 | 0.18 | 0.22 | 0.32 | 0.28 | 0.40 | 0.36 | 0.54 | $0.44N_a$ | $0.64N_v$ |
| $S_E$ | 0.09 | 0.26 | 0.30 | 0.50 | 0.34 | 0.64 | 0.36 | 0.84 | $0.36N_a$ | $0.96N_v$ |
| $S_F$ | | | | | — | | | | | |

注:场地类别为 $S_F$ 时应进行场地地质调查和场地动力反应分析。

在五类场地中,需要考虑近断层效应的 4 个地震区主要在西海岸加利福尼亚州,规范根据断层的最大矩震级、年滑移速率将 4 个地震区的震源类型分为 A、B、C 三类,A 型是最活跃的断层,主要包括 San Andreas、Hayward、San Jacinto、Imperial 断层,C 型是不活跃断层,主要包括 Newport-Inglewood 断层,B 型是活动性介于 A 型和 C 型之间的断层,这种类型的断层在加利福尼亚州内居大多数。震源类型的定义见表 5.10。

表 5.10　UBC-97 中规定的震源类型

| 类型 | 最大矩震级($M$) | 年滑移率/mm |
|---|---|---|
| A | ≥7.0 | ≥5.0 |
| B | 除 A 型和 C 型外的类型 | |
| C | ≤6.5 | ≤2.0 |

如果震源类型属于 A 型或 B 型,需考虑近断层因子 $N_a$ 和 $N_v$,其值见表 5.11,其中系数 $N_a$ 为短周期结构的近断层系数,而 $N_v$ 为长周期大于 1 s 结构的近断层系数。而对于震源类型 C,不论距已知震源的最短距离多大,系数均为 1。此外,规范还规定对建于 $S_A$、$S_B$、$S_C$ 和 $S_D$ 场地上且冗余度等于 1 的规则结构,近断层因子 $N_a$ 取为 1.1。可见,对于距 A 型、B 型断层 15 km 以内的场地考虑了近断层放大因子。

表 5.11　UBC-97 中关于近断层因子的取值

| 震源 | $N_a$ | | | $N_v$ | | | |
|---|---|---|---|---|---|---|---|
| | ≤2 km | 5 km | ≥10 km | ≤2 km | 5 km | ≥10 km | ≥15 km |
| A 型 | 1.5 | 1.2 | 1.0 | 2.0 | 1.6 | 1.2 | 1.0 |
| B 型 | 1.3 | 1.0 | 1.0 | 1.6 | 1.2 | 1.0 | 1.0 |
| C 型 | 1.0 | 1.0 | 1.0 | 1.0 | 1.0 | 1.0 | 1.0 |

注:表中所给出的距离为距已知震源的最短距离。

UBC-97 规范对近断层作用的考虑体现在以下三个方面:①对于近断层环境,$C_a$ 和 $C_v$ 分别乘上了大于 1 的 $N_a$ 和 $N_v$,这样中短周期设计谱的值得到了提高;②由于 $N_v$ 的值均大于 $N_a$,而 $T_s=C_v/2.5C_a$,$T_a=0.2T_s$,$C_a$ 和 $C_v$ 乘上了近断层因子会使 $T_a$ 和 $T_s$ 的值变大,从而加速度敏感区的宽度得到了加大;③设计谱下降段的方程为 $C_v/T$,$C_v$ 乘上了大于 1 的放大因子,就会使下降段变得更平缓。此外,UBC-97 规范对近断层设计谱的长周期下降段增加了一个平台,这虽然是从响应力的角度做出的控制,但也增加了对长周期位移反应的设防。

UBC-97 规范对近断层地震效应的考虑还是比较合理的,尤其是加大了加速度敏感区的宽度,较好地解决了近断层地震动作用下结构的特殊响应问题。这对没有考虑近断层因子的抗震规范而言有较好的借鉴意义。但 UBC-97 规范对于近断层问题的规定并不完善,近断层因子是根据矩震级小于 7.0 的记录和 B 型震源机制得到的,并且采用的记录很少。近年来,特别是 1999 年我国台湾的 Chi-Chi 地震以后,矩震级大于 7.0 的记录屡见不鲜,近断层因子在矩震级大于7.0时能否适用,仍需要检验;UBC-97并没有考虑矩震级小于6.5时的近断层效应,认为此时近断层的影响可以忽略,这是根据少量记录得到的结论,然而对于近断层小矩震级情况,很多研究者提出了不同的观点;此外,位移敏感区的平台段过于保守,设计长周期结构不经济。

**2. 我国规范(GB 50011—2010)对近断层的考虑**

规定若场地内存在发震断层时,应对断层的工程进行评价,并应符合下列要求:(1)对符合下列规定之一的情况,可忽略发震断层错动对地面建筑的影响:①抗震设防烈度小于8度;②非全新世活动断裂;③抗震设防烈度为8度和9度时,前第四纪基岩隐伏断裂的土层厚度分别大于60 m和90 m;(2)对于不符合以上条件的,应避开主断裂带。其避让距离不宜小于表5.12中对发震断裂最小避让距离的规定。在避让举例的范围内确有需要建造分散的、低于三层的丙、丁类建筑时,应按提高一度采取抗震措施,并提高基础和上部结构的整体性,且不得跨越断层线。对处于发证断裂两侧10 km以内的结构,地震动参数应计入近断层影响,5 km以内宜乘增大系数1.5,5 km意外宜乘不小于1.25的增大系数。

表5.12　发震断裂的最小避让距离

| 烈度 | 建筑抗震设防类别 | | | |
|---|---|---|---|---|
| | 甲 | 乙 | 丙 | 丁 |
| 8 | 专门研究 | 200 m | 100 m | — |
| 9 | 专门研究 | 400 m | 200 m | — |

## 5.6.2　工程用近断层抗震设计谱

为了抵抗地震,基于"反应谱理论"的结构抗震设计方法已经被多数国家的抗震规范采用,其中抗震设计谱是地震荷载的表征和建筑抗震设计的基础。随着人们对地震动认知的加深,与远场地震动相比,近断层脉冲型地震动时程中表现出明显的脉冲特征,这类地震动可使结构产生更加剧烈的地震反应,极大地增加了结构破坏的可能性。因此,在进行近断层区域结构的抗震设计时,应着重考虑近断层脉冲效应对抗震设计谱带来的影响。针对此问题,研究人员对近断层抗震设计谱进行过研究,并提出了近断层抗震设计谱的若干新形式。新的设计谱形式的提出可以解决近断层区域结构抗震设计的安全问题,但与现行抗震规范的衔接性偏弱,不利于在工程中使用。鉴于近断层脉冲型地震动对结构的巨大危害,各国抗震规范也对近断层抗震设计谱做出过相关规定,5.6.1节中也给出了我国抗震规范(GB 50011—2010)中的相关规定。使用增大系数的调整方法,相当于将远场抗震设计谱整体提高幅值,用来近似近断层抗震设计谱。实际上,近断层脉冲型地震动对规范设计谱的幅值和形状均具有影响,我国抗震规范只是对设计谱的幅值进行了调整,关于特征周期没有提出相应的调整方法,即没有考虑近断层地震动对设计谱形状上可能造成的影响。

**1. 近断层地震动的选择与分析**

采用文献(李翠花,2018)中挑选的 211 条脉冲型地震动进行反应谱的计算,计算前将每条地震动旋转到最强脉冲方向。脉冲型地震动可能由近断层方向性效应引起,也可能由近断层滑冲效应、面波效应或软土效应等引起,其中方向性效应引起的脉冲型地震动的特点是脉冲出现在地震动时程的开始部分(即"早到型"脉冲)。挑选的 211 条地震动均符合"早到型"脉冲特征,需要说明的是"早到型"脉冲地震动也可能不是近断层方向性效应引起的,但由于现在的研究水平很难准确判定每条地震动中脉冲的产生原因,本章仅以波形相似时结构反应亦可能相似为原则采用了这些地震动,不详细讨论每条地震动中脉冲的发生机制,这种处理方式在工程应用上是可接受的。这 211 条地震动的特征周期 $T_g$ 与场地类别、震级的关系分别如图 5.24、图 5.25 所示,$T_g$ 的计算采用公式 $2\pi \times \text{EPV}/\text{EPA}$,其中在计算地震动的有效峰值速度(Effective Peak Velocity,EPV)和有效峰值加速度(Effective Peak Acceleration,EPA)时反应谱的取值区间分别为 0.8~1.2 s 周期段和 0.1~0.5 s周期段。图 5.24 和图 5.25 表明,场地类别、震级对近断层地震动特征周期 $T_g$ 的影响无明显的规律性关系可循。由此可见,以目前所掌握的脉冲型地震动数量为基础数据暂不具有对 $T_g$ 变化规律的统计意义,建立针对不同场地类别和震级的近断层区设计谱的可靠性偏低。因此,建议目前在近断层区不考虑场地类别和震级对地震动特征周期 $T_g$ 的影响,即在对实际脉冲型地震动进行反应谱的统计分析时,不再针对场地类别和震级对地震动进行分组。

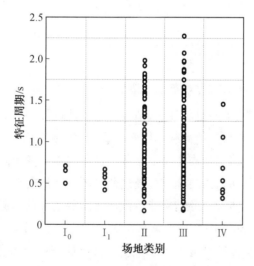

图 5.24　特征周期 $T_g$ 与场地类别关系

在计算不同设防烈度地区的地震动反应谱时,将地震动的峰值加速度 PGA 按照表 5.13进行调幅,表中的地震动峰值加速度 PGA 取值与我国抗震规范(GB 50011—2010)中采用的数值相同,也基本符合我国地震动参数区划图(GB 18306—2015)中规定的多遇地震动、基本地震动和罕遇地震动对应的峰值加速度 PGA 之间关系的规定。需说明的是,

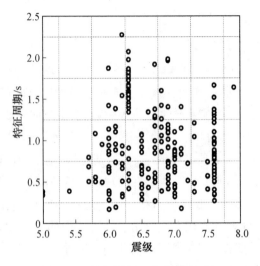

图 5.25　特征周期 $T_g$ 与震级关系

抗震设计谱是弹性加速度反应谱,因此对地震动峰值加速度 PGA 调幅后对应得到的反应谱的形状不变,只是在幅值上有变化。为方便比较,均将反应谱的纵轴进行了标准化,即以抗震规范中的地震影响系数 $\alpha$ 除以地震动峰值加速度 PGA 的方式。

表 5.13　对应于不同设防烈度的地震动加速度幅值

| 设防烈度 | PGA / (m · s$^{-2}$) | | | | | |
|---|---|---|---|---|---|---|
| | 6 度 | 7 度 | 7 度 | 8 度 | 8 度 | 9 度 |
| 多遇地震 | 0.18 | 0.35 | 0.55 | 0.70 | 1.10 | 1.40 |
| 罕遇地震 | 1.25 | 2.20 | 3.10 | 4.00 | 5.10 | 6.20 |

**2. 实际近断层反应谱与抗震规范设计谱比较**

依据我国抗震规范的结构设防理念,结构抗震设计过程采用二阶段设计方法,第一阶段根据多遇地震作用效应与其他荷载作用效应组合,对结构构件进行承载力验算和弹性变形验算;第二阶段验算罕遇地震作用下结构构件的弹塑性变形。因此,在对近断层区结构进行第一阶段抗震设计时,需要调整抗震规范中的多遇地震对应的设计谱,使其可以考虑近断层效应,这样才能使设计的结构能够抵抗近断层地震动引起的地震作用。

我国抗震规范(GB 50011—2010)第 5.5.2 款规定,"针对罕遇地震作用下结构薄弱层的弹塑性变形验算,当设防烈度为 7～9 度时,楼层屈服强度系数应按照罕遇地震作用标准值计算",而罕遇地震设计谱是计算罕遇地震作用标准值的基础。由此可见,罕遇地震设计谱将在结构抗震设计的弹塑性变形验算中发挥作用。另外,在利用 Pushover 方法进行结构性态评估时,需先将罕遇地震设计谱利用折减系数换算为非弹性谱,然后将其作为地震需求谱来评估结构的抗震性能,表明罕遇地震设计谱将在结构性态评估中发挥作用。因此,为满足近断层区结构弹塑性变形验算、结构性态评估的需要,对抗震规范中罕遇地震对应的设计谱也需提出相应的调整方法。

应该指出,并不是所有近断层地震动均为脉冲型地震动,全部采用脉冲型地震动建立近断层区抗震设计谱在概率上具有一定的安全储备。另外,由于地震动引起结构反应存在显著的离散性,将保证率为 50% 的反应谱(平均谱)用于结构抗震设计的安全度又存在很大的不确定性,因此本节同时给出了保证率为 84% 的反应谱(平均谱+1 倍标准差谱)的结果。根据抗震规范(GB 50011—2010)表 5.1.4-2,多遇地震特征周期取值范围是 0.2~0.9 s,罕遇地震特征周期取值范围是 0.25~0.95 s。需要说明的是,抗震规范第 3.10.3 款规定,对处于发震断裂两侧 10 km 以内的结构,地震动参数应计入近断层影响,具体为"5 km 以内宜乘增大系数 1.5,5 km 以外宜乘不小于 1.25 的增大系数",书中后续将会指出,1.5 的增大系数对应的设计谱曲线与实际地震动 84% 保证率的反应谱曲线具有可比性,因此本章中没有再给出乘增大系数 1.25 的情况。通过计算,得到保证率分别为 50% 和 84% 的反应谱,然后与不同设防烈度、不同特征周期对应的增大 1.5 倍后的抗震规范设计谱进行了比较,结果如图 5.26 所示。图 5.26 中 $\alpha$ 为抗震规范(GB 50011—2010)中的地震影响系数,其值为反应谱 $S_a$ 除以重力加速度 $g$,6、7、8、9 度对应的 PGA 取值见表 5.13,$T$ 为周期。图 5.26 中抗震规范设计谱曲线从左到右对应的 $T_g$ 分别为 0.2 s、0.25 s、0.30 s、0.35 s、0.40 s、0.45 s、0.55 s、0.65 s、0.75 s 和 0.90 s,罕遇地震情况 $T_g$ 增加 0.05 s。

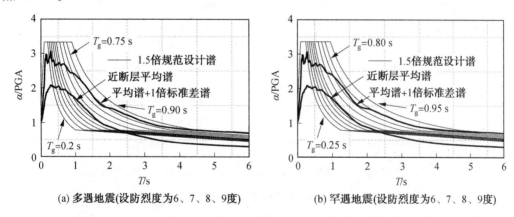

(a) 多遇地震(设防烈度为6、7、8、9度)　　　　(b) 罕遇地震(设防烈度为6、7、8、9度)

图 5.26　实际近断层地震动反应谱与 1.5 倍抗震规范设计谱比较

将图 5.26 中 1.5 倍抗震规范设计谱与实际近断层地震动的反应谱进行比较,可得出如下结论:(1)与实际近断层地震动 50% 保证率的反应谱进行比较,1.5 倍抗震规范设计谱的谱峰值远超过实际近断层地震动反应谱的谱峰值;(2)即使抗震规范设计谱增大了 1.5 倍,当特征周期 $T_g$ 较小时,在 $T=0.3~1.4$ s 周期段上 1.5 倍抗震规范设计谱的谱值仍小于实际近断层地震动反应谱的谱值;(3)实际近断层地震动 84% 保证率反应谱的谱值接近于 $T_g=0.75$ s(多遇地震)和 $T_g=0.80$ s(罕遇地震)对应的 1.5 倍抗震规范设计谱的谱值。由此可见,仅通过抗震规范第 3.10.3 款"地震动参数乘增大系数 1.5"的规定并不总能满足实际近断层区结构抗震设计的需求。因此,需要对抗震规范设计谱给出更为合理的幅值与形状调整方案。

**3. 近断层区抗震设计谱的确定**

图 5.27 所示为保证率 50% 的近断层地震动反应谱与不同设防烈度、不同特征周期对应的抗震规范(GB 50011—2010)设计谱的比较(1.0 倍设计谱,未进行放大)。可以发现,如果在多遇地震情况下限定 $T_g$ 不小于 0.75 s、罕遇地震情况下限定 $T_g$ 不小于 0.80 s,可以实现在整个周期段上抗震规范设计谱均不小于保证率 50% 的近断层脉冲型地震动反应谱,并且抗震规范设计谱的谱形状与实际近断层地震动的谱形状也吻合较好。罕遇地震情况对应的 0.80 s 为 0.75 s 增加了 0.05 s 的结果,主要是参考了抗震规范 5.1.4 款中"计算罕遇地震作用时,特征周期应增加 0.05 s"的规定。此调整的理论依据是,在远场地震动的统计研究中,一般认为在其他条件相同时大震级地震产生的地震动具有更大的特征周期 $T_g$。虽然如前所述,图 5.25 和图 5.26 表明使用 211 条近断层地震动得到的特征周期 $T_g$ 与场地类别、震级的关系不明确,并不能得出罕遇地震时特征周期 $T_g$ 需要增大 0.05 s 的结论,但是通过增加 0.05 s 来区别多遇地震和罕遇地震设计谱的方式值得从远场抗震设计谱推广到近断层区抗震设计谱上来。

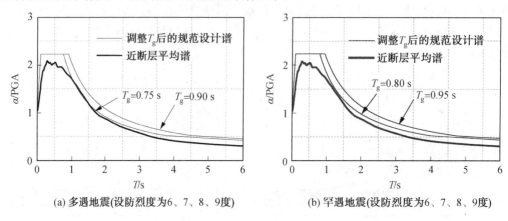

(a) 多遇地震(设防烈度为6、7、8、9度)　　(b) 罕遇地震(设防烈度为6、7、8、9度)

图 5.27　抗震规范设计谱与实际近断层地震动反应谱比较及 $T_g$ 调整

通过图 5.27 可以看出,即使不对抗震规范设计谱的幅值(抗震规范中的地震影响系数最大值 $\alpha_{max}$)进行增大,在幅值方面仍比保证率 50% 的近断层地震动反应谱的幅值稍大。因此,原则上可以不进行幅值上的调整。我国抗震规范(GB 50011—2010)中针对设计谱规定的 1.5 倍和 1.25 倍的增大系数也并无统计数据作为支撑,实际上近断层地震动对反应谱的增大效应只发生在一定的周期段上,反应谱峰值所在的周期不一定包含在其中。但是,本书的研究表明 1.5 倍的增大系数取值可以从以下方面进行解释,在进行 $T_g$ 的调整后,1.5 倍增大系数对应的抗震规范设计谱与近断层脉冲型地震动平均谱+1 倍标准差谱非常接近,即增大 1.5 倍后可以具有 84% 的保证率。另外,前面章节的分析表明,与相同强度的非脉冲型地震动相比,脉冲型地震动有可能使结构的非弹性变形显著增大。仅依靠改变抗震设计谱的特征周期 $T_g$ 不一定能保证结构的变形可以满足抗震规范的设计要求,因此在初始结构设计时采用提高设计谱值的方式提高结构的抗震能力,可以使其更容易满足罕遇地震下非弹性变形的限值要求。综上,我国抗震规范中的1.5倍增大系数建议沿用。

对于某些结构,抗震规范规定需要使用动力时程分析方法进行多遇地震和罕遇地震下的变形验算。我国抗震规范(GB 50011—2010)在第12.2.2款指出对隔震结构进行时程分析时"输入地震波应考虑近断层影响系数"。由此可见,抗震规范认为,对于同一建筑场地,在其他条件相同时(断层类型、震级等),如果遭受了近断层效应的影响,那么地震动的峰值加速度PGA比远场地震动的峰值有所增大。实际上,与抗震规范(GB 50011—2010)中对反应谱幅值的增大系数类似,目前无研究表明脉冲效应对地震动的峰值加速度PGA有放大作用。考虑到对设计谱幅值调整时所保留的抗震规范中1.5的系数完全是为了实现84%的保证率以及更容易通过变形验算,所以对于使用时程分析进行变形验算应该分成两种情况,当选择的地震动为脉冲型地震动时不再进行幅值的放大,当选择的地震动为非脉冲地震动时幅值乘1.5的增大系数。

近断层区抗震设计谱的计算公式与抗震规范(GB 50011—2010)中的设计谱公式需要衔接才能方便工程应用,因此计算公式应尽量采用与抗震规范中一致的形式,然后在此基础上进行一定的修正。除了幅值和特征周期,阻尼比也是影响反应谱值大小的因素,在以上的分析中阻尼比取值均为0.05。阻尼比的影响趋势为阻尼比增大、反应谱值减小,但由于公式化后的抗震设计谱包含一些人为的调整,抗震规范中的设计谱也并非完全一致地反映了阻尼比对反应谱在所有周期段上的影响趋势,因此为便于与抗震规范中的公式相结合,认为对于其他非0.05的阻尼比情况,也可以按照本章提出的方法进行幅值和特征周期的调整。本章建议的近断层区抗震设计谱(地震影响系数$\alpha$)采用以下形式,该形式与抗震规范设计谱的形式一致,仅是对幅值和特征周期做了调整。

$$\alpha = k_a\left(0.45 + \frac{\eta_2 - 0.45}{0.1}T\right)\alpha_{max} \quad (0\ \text{s} \leqslant T \leqslant 0.1\ \text{s}) \tag{5.4}$$

$$\alpha = k_a\eta_2\alpha_{max} \quad (0.1\ \text{s} < T \leqslant T_g) \tag{5.5}$$

$$\alpha = k_a\left(\frac{T_g}{T}\right)^\gamma\eta_2\alpha_{max} \quad (T_g < T \leqslant 5T_g) \tag{5.6}$$

$$\alpha = k_a[\eta_2 0.2^\gamma - \eta_1(T - 5T_g)]\alpha_{max} \quad (5T_g < T \leqslant 6\ \text{s}) \tag{5.7}$$

式中,$\alpha_{max}$、$T_g$、$\eta_1$、$\eta_2$、$\gamma$的含义及取值与抗震规范中规定相同;$T_g$按抗震规范中规定取值,但多遇地震时不小于0.75 s、罕遇地震时不小于0.80 s;$k_a$为抗震规范设计谱的幅值增大系数,取值1.5。

总体来讲,在进行近断层区结构的抗震设计时,有以下两点建议:

(1)对于近断层区的抗震设计谱,可以采用现行抗震规范(GB 50011—2010)中设计谱的公式,然后进行幅值和特征周期调整。幅值增大系数建议取1.5,多遇地震时对应的特征周期取值不小于0.75 s,罕遇地震时对应的特征周期取值不小于0.80 s,其他参数的取值与抗震规范规定相同。幅值增大系数取1.5有三点好处:① 与现行抗震规范中1.5的增大系数规定有衔接性;② 可以达到与实际近断层地震动84%保证率的反应谱相匹配,与50%保证率的情况相比具有一定的冗余度;③ 可以提高结构的初始设计强度,使初始设计的结构更容易满足抗震变形验算的要求。

(2)建议近断层区的结构宜进行变形验算,在进行近断层区结构的变形验算时,若输入地震动为脉冲型地震动,不需将地震动峰值进行放大,若输入地震动为非脉冲型地震动,将地震动峰值乘增大系数1.5。对脉冲型地震动和非脉冲型地震动增大系数区别选取的原因有两点:① 设计谱幅值增大系数建议取1.5的原因是期望增强结构的初始设计,但变形验算时仍应采用符合本地环境的地震动强度;② 非脉冲型地震动的破坏能力较脉冲型地震动小,因此在近断层区使用非脉冲型地震动进行变形验算时,应采用增大地震动峰值加速度的方式。

# 第6章 结构反应分析输入地震动的截断方法

## 6.1 引 言

第5章讨论了近断层地震动作用下建筑结构的反应特性以及近断层抗震设计反应谱等问题。建筑结构的地震响应计算是一个相对比较耗时的过程,特别是在结构需要进行大震下的变形验算时,结构的非线性分析耗时明显增加。本章主要从减少结构地震响应计算时间的角度,研究了四种地震动截断方法,达到在结构峰值位移响应基本不变的前提下节省计算时间的目的。通过对比截断前后地震动参数的变化情况,从地震动参数的角度对比几种方法的可行性。对两个实际结构在原始地震动和截断后地震动作用下的结构层间位移角最大值进行对比,探讨了四种截断方法的准确性和优劣。本章给出用于结构反应分析输入地震动的可参考截断方法。

## 6.2 基于单自由度体系的地震动截断方法

### 6.2.1 地震动的选择

由太平洋地震工程研究中心(Pacific Earthquake Engineering Research Center,PEER)创建的 PEER 地震动记录数据库(PEER Ground Motion Database)搜集了世界上绝大部分地区的地震动记录,提供了丰富的地震动记录资源、便捷的搜索下载地震动记录的工具。考虑到地震动的随机性和不确定性,验证不同地震动下截断方法的试用情况,应尽量扩大所使用的地震动记录数据库的样本容量。对于峰值加速度 PGA 和峰值速度 PGV 值很小的地震动记录,采用这类强度较小的地震动对结构进行时程分析所具备的实际工程意义较弱,本章选用地震动记录的条件为峰值加速度 PGA 大于 $0.05g$,峰值速度 PGV 大于 $10\ cm/s$。考虑到大多数工程结构中,$M_w \geqslant 5$ 的地震动记录研究较多,本次地震动记录数据库矩震级均大于 5 级。

按照以上选取原则,共选出 1 338 条地震动记录用于后续地震动截断方法的研究,地震动记录信息见表6.1,地震动记录数量与峰值加速度 PGA 关系如图6.1所示,地震动震级–震中距关系图如图6.2所示。从表6.1和图6.1、图6.2中显示的地震动记录信息可以看出,本次所采用的地震动记录涵盖范围广,无论是 PGA、PGV 还是震级、震中距、地震动持时,都保证了从小到大各个区间的值能取到,保证研究结果的准确性。

表6.1　地震动记录信息统计

| 地震动记录信息 | PGA/$g$ | PGV/(cm·s$^{-1}$) | 持时/s | 震级 $M_w$ | 震中距/km |
|---|---|---|---|---|---|
| 取值范围 | 0.051~1.49 | 10.02~148.05 | 5.74~150 | 5~7.9 | 0.44~186.95 |

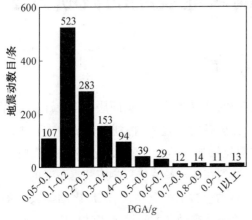

图6.1　地震动记录数量与PGA关系图

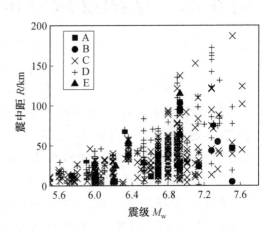

图6.2　所选地震动震级-震中距关系图

## 6.2.2　地震动截断方法

本章所提出的截断方法建立在单自由度体系之上,之后通过结构周期的等效将等效单自由度体系的截断方法应用到多自由度结构。相对于结构而言,单自由度体系计算速度很快,若能验证结构的等效单自由度体系最大位移出现时刻可以作为输入地震动的截断点,用截断后的地震动记录对结构进行时程分析后结构的峰值位移基本不变,则能说明提出的截断方法能有效节省计算时间。

采用有限元软件对单自由度体系建模,模型如图6.3所示。模型由质量点和零长度单元组成,其中零长度单元采用如图6.4所示的双线性滞回本构模型。单自由度体系结构周期从0.1 s开始,以0.1 s为步长计算到$T=6$ s结束。结构屈服强度折减系数$R$分别取值$R=1$、2、3、4、5、6。当$R=1$时,结构为弹性状态,$R=2\sim6$时结构进入弹塑性状态,计算结构从弹性到弹塑性的结构响应。分别将选用的1 338条地震动记录直接输入单自由度结构进行时程分析,获取结构最大位移响应。只考虑在保证最大位移不变的情况下,通过截断地震动记录减少计算量。从采用地震动记录数据库中随机选取四条地震动记录用于截断方法的演示,四条地震动记录信息和加速度时程如表6.2和图6.5所示,所有地震动记录均未做调幅,通过时程分析获得单自由度体系最大位移出现时刻如图6.6所示。

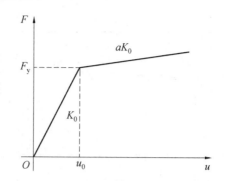

图 6.3　单自由度体系模型示意图　　　　　图 6.4　双线性滞回本构模型

表 6.2　选用的四条地震动记录信息

| 序号 | 地震名称 | 发生时间 | 震级 $M_w$ | 持时/s |
|---|---|---|---|---|
| 1 | Iwate | 2008 | 6.9 | 60 |
| 2 | Christchurch New Zealand | 2011 | 6.2 | 30.005 |
| 3 | Kobe Japan | 1995 | 6.9 | 150 |
| 4 | Loma Prieta | 1989 | 6.93 | 39.99 |

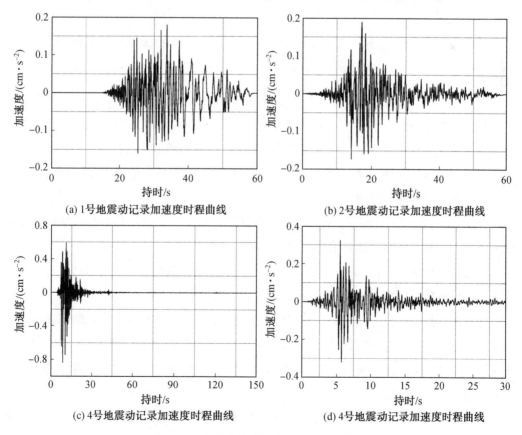

(a) 1号地震动记录加速度时程曲线　　　　(b) 2号地震动记录加速度时程曲线

(c) 4号地震动记录加速度时程曲线　　　　(d) 4号地震动记录加速度时程曲线

图 6.5　四条地震动记录加速度时程曲线

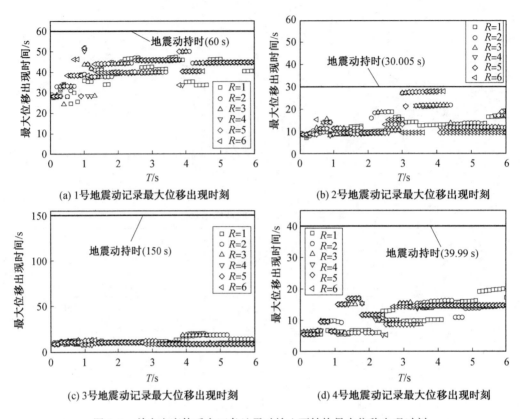

图6.6 单自由度体系在四条地震动输入下结构最大位移出现时刻

以计算所获单自由度体系最大位移出现时刻为基础,对于某一固定结构的周期 $T$,考虑到真实结构进行时程分析时高阶振型的影响和进入非线性状态后结构周期延长的影响,将结构等效为一系列的单自由度结构体系,建议如下四种地震动记录截断方法:

方法一:不同屈服强度折减系数 $R$ 对应的单自由度结构最大位移出现时刻的最大值为对应结构周期的截断时间。

方法二:在 $0.2T\sim1.5T$ 周期段,不同屈服强度折减系数 $R$ 对应的单自由度结构最大位移出现时刻的最大值为对应结构周期的截断时间。

方法三:分别计算出方法一所获结构周期 $T$ 对应的截断值和 $0.2T\sim1.5T$ 对应的结构最大位移出现时刻的平均值,取两者之间的较大值。

方法四:对于多自由度结构,用振型参与质量>90% 对应的振型个数来确定参与计算的周期。参照方法一的计算方法,计算出每个周期不同屈服强度折减系数 $R$ 对应的结构最大位移出现时刻的最大值,取参与计算的周期对应截断时刻的最大值为对应结构周期的截断时间。

由于单自由度体系在不同屈服强度折减系数下结构最大位移出现时刻不同,如上所述的四种方法均取单自由度结构最大位移出现时刻的最大值,这能保证任何状态下的结构均会取到结构最大位移。作为对照组,方法一没有考虑高阶振型的影响和时程分析时可能出现的周期延长现象。方法二和方法三中按照 0.2 ~ 1.5 倍结构周期对应的结构最大位移出现时刻截断地震动,主要考虑了多自由度结构进行时程分析时高阶振型的影响和结构进入非线性状态后出现结构周期延长的现象,$0.2T$ ~ $1.5T$ 这一周期段主要参考了 ASCE7-10 中地震动挑选时对周期范围的相关规定。截断方法四则参考了我国《高层建筑混凝土结构技术规程》(JGJ 3—2010)中的相关规定,单独考虑了结构非线性分析时高阶振型对截断地震动的影响。按照上述截断地震动记录的方法对选出的四条地震动记录进行截断,由于方法四涉及具体的结构,不同的结构模态参与质量>90% 对应的周期个数不同,具体演示详见后续章节(6.4 节)。方法一到方法三的截断情况如图 6.7 ~ 6.9 所示。

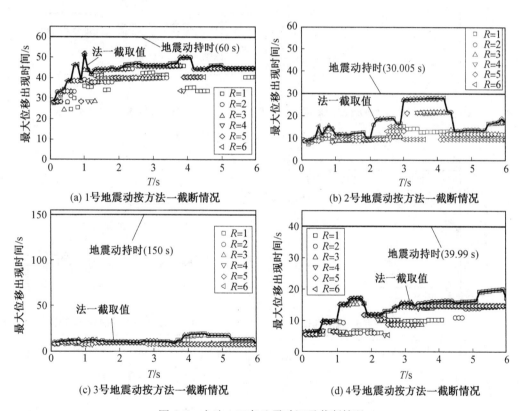

(a) 1号地震动按方法一截断情况　　　(b) 2号地震动按方法一截断情况

(c) 3号地震动按方法一截断情况　　　(d) 4号地震动按方法一截断情况

图 6.7　方法一四条地震动记录截断情况

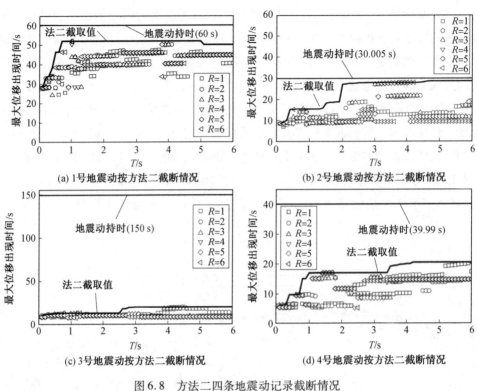

图 6.8　方法二四条地震动记录截断情况

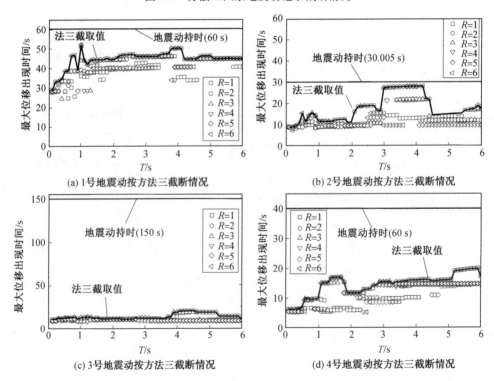

图 6.9　方法三四条地震动记录截断情况

　　将每条地震动记录分别用方法一到方法三截断的情况进行汇总,如图 6.10 所示,从图中可以看出不同地震动之间的截断情况差异性较大。经统计,大部分地震动记录截断舍弃部分比重大,计算效率提高明显,仅有少量地震动记录截断舍弃部分小,使用所提方法优化计算效率不明显。横向对比每一条地震动截断情况可以发现,按最大位移出现时刻截断地震动记录获得的结果离散性较大,最大位移出现时刻随周期变化的趋势规律性不强,这反映了地震动的不确定性和复杂性。对于同一条地震动记录而言,三种截断方法截断结果呈现出一定的差异性,其中,方法一和方法三截断曲线十分相近,说明在大部分情况下 0.2~1.5 倍周期段内的平均值比周期 $T$ 处的最大值小,每一个 $0.2T~1.5T$ 周期段内截断记录的差异较大。从图中可以明显看出,方法一和方法三截断舍弃部分较方法二多,说明方法二更为保守。

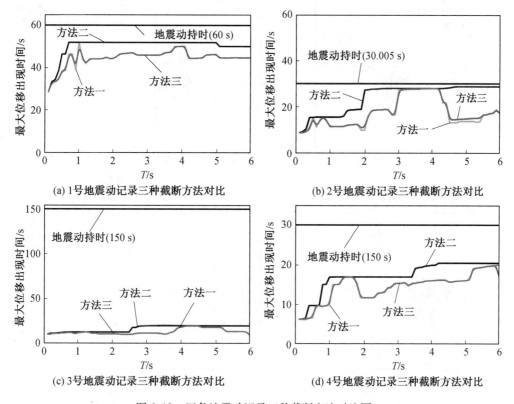

图 6.10　四条地震动记录三种截断方法对比图

　　以 1 号地震动记录和 4 号地震动记录为例,绘制同一记录截断前后加速度时程变化图。随着单自由度结构周期的变化,地震动记录截断情况均不相同。当结构周期为 1.5 s 时,1 号记录按三种方法截断后地震动记录持时分别为 44.18 s、51.93 s 和 44.18 s,当结构周期为 2 s 时,4 号地震动记录按三种方法截断后地震动记录持时分别为 11.685 s、16.97 s 和 11.685 s,按三种方法截断前后加速度时程曲线如图 6.11 所示。

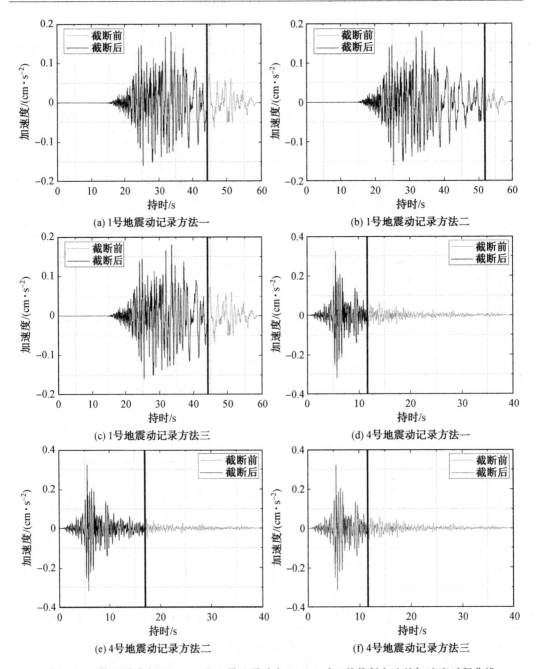

图 6.11　1 号地震动在 $T=1.5$ s 和 4 号地震动在 $T=2$ s 时三种截断方法的加速度时程曲线

　　按照上述地震动截断方法对选用的 1 338 条地震动记录进行处理,将截断完成后的地震动记录持时与原始地震动记录持时进行比较,计算地震动记录截断率,截断率的计算公式如下:

$$\Delta_l = \frac{\left| t_{tru} - t_{ori} \right|}{t_{ori}} \times 100\% \tag{6.1}$$

式中,$\Delta_l$ 为地震动记录截断率;$t_{tru}$ 为截断后地震动记录持时;$t_{ori}$ 为原始地震动记录持时。

将截断情况统计如图 6.12 所示。对比三种截断方法截断率可知,方法一和方法三的截断情况类似,方法二截断率较方法一和方法三小,说明方法二更为保守。同一方法截断地震动记录,随结构周期的增加,截断率有降低趋势。

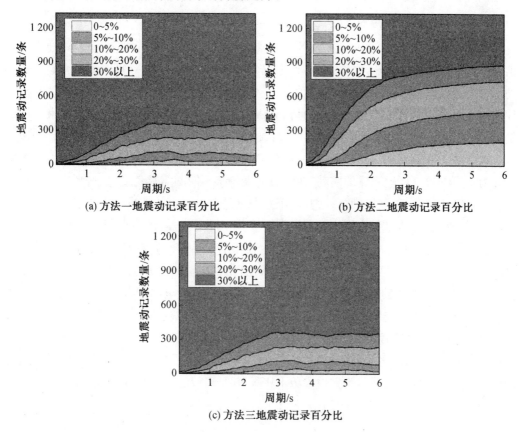

图 6.12　不同方法地震动记录截断率占地震动记录总数的百分比

## 6.3　地震动截断前后地震动参数的变化

### 6.3.1　地震动强度度量参数

由于地震动的随机性和不确定性,每一条地震动记录的峰值、频谱特性和持时都千差万别,采用不同的地震动对结构进行时程分析获得的结构地震响应也有差异。为了更好地横向对比地震动记录之间的差异,各国研究人员提出了许多表征地震动强度的参数用以直观地描述震动特性,并分析了这些地震动参数与结构非线性动力响应之间的关系。杨迪雄等(2012)、何依婷(2018)、李爽等(2022)对于地震动参数进行了较为全面的总结。这些地震动参数大都基于地震动加速度、速度和位移时程曲线提出,按照计算公式来源可以分为四类,分别是:与加速度相关的参数、与速度相关的参数、与位移相关的参数以及复合强度参数。另一种分类方式则是按照地震动参数的性质来分类,可以分为两类:第一类是由地震动本身获得的参数,第二类是由结构反应获得的参数,包括由结构弹性时程反应获得的参数和由结构塑性时程反应获得的参数。本章采用第二种分类方式总结了 39 个常用的地震动强度度量参数,研究其来源、计算公式以及其与结构响应之间的关系。

**1. 由地震动本身获得的参数**

在众多的地震动参数中,地震动的三个基本参数:地震动峰值加速度 PGA、地震动峰值速度 PGV 和地震动峰值位移 PGD,是工程人员应用最为广泛、科研人员研究最为透彻的。其中,PGA 是最简单的地震动参数,在科学研究和实际工程中有着非常广泛的应用,比如绝大多数国家都采用 PGA 作为时程分析中的加速度最大值。与大多数国家不同的是,日本采用 PGV 作为地震动强度指标参数,并根据 PGV 绘制了日本全境的地震等速度线。PGD 在工程领域的应用较少,但在科研领域仍然有许多科研人员对其进行了相关研究。为了更细致合理地表述地震动特性,研究人员从不同的需求角度出发,考虑地震动的三要素,提出了数十种地震动指标,其中第一类就是可以直接从地震动中提取的参数。

地震动加速度和速度的峰值分别由频谱成分不同的地震动引起,且衰减模式也有所不同。中小型地震的近断层区域通常会产生较小的 PGV/PGA 数值,而大震的远场可以检测到较大的 PGV/PGA 值。并且较高的 PGV/PGA 数值的地震动,其长周期范围内能量较高,而 PGV/PGA 值较低的地震动,其能量更多地集中于短周期范围内。由于 PGV 和 PGA 分别在地震动不同的频率成分达到,因此 PGV/PGA 也被选为一个地震动强度指标,为了同时考虑峰值加速度和峰值速度,并一定程度考虑频谱特性的影响。地震动能量相关的常用指标一般有三个,分别是均方根位移 RMSD、均方根速度 RMSV 和均方根加速度 RMSA,这三个参数可以总称为方根参数 RMSX,并且可以采用下面几个式子进行计算:

$$\text{RMSX} = \left[ \frac{1}{\Delta t} \int x^2(t)\,\mathrm{d}t \right]^{1/2} \tag{6.2}$$

文献[3]基于 RMSA 提出了一种新的地震动强度指标,以加速度平方的积分作为地震动强度的量度,即基于滞回耗能的 Arias(阿里亚斯)强度 $I_{\text{A}}$,表征单位质量耗散的能量。其计算公式如下所示:

$$\begin{cases} I_{\text{A}} = \dfrac{\arccos \zeta}{g\sqrt{1-\zeta^2}} \int a^2(t)\,\mathrm{d}t \\ I_{\text{A}} = \dfrac{\pi}{2g} \int a^2(t)\,\mathrm{d}t \end{cases} \tag{6.3}$$

式中,第二个公式成立的条件是结构阻尼比足够小。

除了 Arias,还有许多科研工作者对 RMSA 指标进行了相关研究,文献[34]基于 Arias 强度,考虑到 Arias 强度和地震动的幅值和持时有关,而没有能够反映出三大要素之一的频谱特性的影响,因此提出了另一个地震动强度指标,即 Saragoni 因子,其表达式如下:

$$P_{\text{D}} = \frac{I_{\text{A}}}{v_0^2} \tag{6.4}$$

式中,$v_0$ 表示每秒穿越横坐标的次数。

Riddell 等(2001)在考虑刚度退化的条件下,对不同基本周期、延性各异的多个结构选取多种参数进行滞回耗能分析,结构建模方法采用单自由度非线性体系,认为利用以下形式的组合参数,滞回耗能谱的离散性得以控制得相对小,三个参数分别为

$$I_a = a_{max} \cdot t_d^{1/3} \tag{6.5}$$

$$I_v = v_{max} \cdot t_d^{1/3} \tag{6.6}$$

$$I_d = d_{max} \cdot t_d^{1/3} \tag{6.7}$$

式中,$I_a$ 应用于等加速度区、$I_v$ 应用于等速度区而 $I_d$ 应用于等位移区。

Fajfar 等(1990)提出了一种新的组合参数 $I_F$,用于评估地震动对于中等周期结构的损伤能力:

$$I_F = v_{max} \cdot t_d^{0.25} \tag{6.8}$$

Park 等(1985)为了将地震动强度和结构的损伤程度相联系,提出了利用特征强度来表征二者关系的思路,考虑了持时 $t_d$ 的影响,特征强度的表达式如下:

$$I_C = a_{rmsa}^{1.5} \cdot t_d^{0.5} \tag{6.9}$$

Iervolino 等(2008)为了描述结构反应,提出了一个基于 PGA 和 Arias 强度的参数,即破坏指标 $I_D$,计算公式如下:

$$I_D = \frac{2g}{\pi} \frac{I_A}{PGA \cdot PGV} = \frac{\int a(t)^2 dt}{PGA \cdot PGV} \tag{6.10}$$

特征能量密度是为了表示结构潜在破坏势而提出的参数,其定义为

$$SED = \int_0^{t_E} [v(t)]^2 dt \tag{6.11}$$

式中,$v(t)$ 表示地震动的速度时程;$t_E$ 表征地震动持时。

Uang 等(2010)考虑到滞回耗能参数固有的缺陷,提出了地震动输入能的概念,用来表征地震动的潜在破坏势,其定义为

$$E_{input} = \int m \cdot \ddot{x}_t d_{x_g} = \int \ddot{x}_t \cdot v_g dt \tag{6.12}$$

Jennings 等(1982)提出了地震动的能量功率参数,其计算公式如下:

$$P_{0.9} = \frac{I_{0.95} - I_{0.05}}{T_{0.9}} \tag{6.13}$$

式中,$T_{0.9}$ 为重要性持时,其计算公式为 $T_{0.9} = T_{0.95} - T_{0.05}$。

高频脉冲由于能量较小,结构位移反应相应也比较小,而低频脉冲只要持时足够长,即使一般大小的峰值也可以使结构发生较大的位移变形,因此可以采用最大增量速度 MIV(即加速度脉冲积分面积最大值)和最大增量位移 MID(即速度脉冲积分面积最大值)来表示近场的地震动破坏势,故而增量速度与质量的乘积可以代表地震力的冲量。

Kramer 等(2001)提出了一种通过加速度绝对值积分来表示潜在破坏势的思路,提出了累计绝对速度 CAV 的定义,如下所示:

$$CAV = \int_0^t |a(t)| dt \tag{6.14}$$

累计绝对速度的概念也可以推广到速度和位移的绝对值积分上,分别为累计绝对位移和累计绝对动力,其表达式如下所示:

$$\begin{cases} \mathrm{CAD} = \displaystyle\int_0^t |v(t)|\,\mathrm{d}t \\[3mm] \mathrm{CAI} = \displaystyle\int_0^t |d(t)|\,\mathrm{d}t \end{cases} \tag{6.15}$$

Housner(1975)提出了一种全新的评价地震动对结构损坏能力的指标,通过对单位时间单位质量地震动输入结构的能量,即对单位时间单位质量地震动加速度的平方求积分,就可以得到一个地震动强度参数,即

$$P_{\mathrm{a}} = \frac{1}{\Delta t}\int_{t_1}^{t_2} a(t)^2\,\mathrm{d}t \tag{6.16}$$

式(6.16)可以称为均方加速度平方指标,均方速度平方指标和均方位移平方指标也可以类比得出,其计算公式如下:

$$P_{\mathrm{v}} = \frac{1}{\Delta t}\int_{t_1}^{t_2} v(t)^2\,\mathrm{d}t \tag{6.17}$$

$$P_{\mathrm{d}} = \frac{1}{\Delta t}\int_{t_1}^{t_2} d(t)^2\,\mathrm{d}t \tag{6.18}$$

Nau 等(1982)基于 Arias 强度,将其理念应用到速度和位移上,并简化了部分公式内容(积分系数部分),提出了新的 Nau-Hall 指标,因其可由均方根参数直接平方计算,所以可以称之为均方参数:

$$\begin{cases} a_{\mathrm{sq}} = \displaystyle\int_0^{t_E} a(t)^2\,\mathrm{d}t \\[3mm] v_{\mathrm{sq}} = \displaystyle\int_0^{t_E} v(t)^2\,\mathrm{d}t \\[3mm] d_{\mathrm{sq}} = \displaystyle\int_0^{t_E} d(t)^2\,\mathrm{d}t \end{cases} \tag{6.19}$$

Nau-Hall 指标也可以改为相应的平方根指标:

$$\begin{cases} a_{\mathrm{rs}} = \left(\displaystyle\int_0^{t_E} a(t)^2\,\mathrm{d}t\right)^{1/2} \\[3mm] v_{\mathrm{rs}} = \left(\displaystyle\int_0^{t_E} v(t)^2\,\mathrm{d}t\right)^{1/2} \\[3mm] d_{\mathrm{rs}} = \left(\displaystyle\int_0^{t_E} d(t)^2\,\mathrm{d}t\right)^{1/2} \end{cases} \tag{6.20}$$

**2. 由结构反应获得的参数**

地震动反应谱是地震工程领域最有价值的里程碑式的成果之一,其理念是通过单自由度体系的地震反应来代表真实结构的地震反应,从而表征地震动的特性。其计算方法是,通过一个阻尼比和自振周期确定的单自由度体系,对其输入地震动,计算其位移、速度以及加速度反应。即位移谱、速度谱和加速度谱,众多学者都对反应谱加以研究和推广,

逐渐形成了三大谱参数 $S_a(T,\zeta)$，$S_v(T,\zeta)$ 和 $S_d(T,\zeta)$，分别为加速度谱、速度谱和位移谱的峰值。

　　地震动弹性反应谱的价值在于，反应谱本身和结构的特性没有关系，只反映了地震动本身的特性。然而通过选择横坐标的结构自振周期，就可以将地震动特性和结构特性相联系，因此在结构工程领域，地震动反应谱指标具有非常重要的科研和工程意义。

　　Housner(1952)通过研究发现结构的反应谱区间数值适合作为地震动的强度指标，提出了 Housner 谱强度：

$$S_1(\zeta) = \int_{0.1}^{2.5} S_v(\zeta,T)\,\mathrm{d}T \tag{6.21}$$

式中，$S_v$ 是阻尼为 $\zeta$ 的速度谱值；$T$ 表征结构周期。

　　有效峰值加速度和有效峰值速度 EPA 和 EPV 的物理意义是当结构阻尼比为 5% 时，取 $0.1 \sim 0.5$ s 周期段的加速度平均值以及 $0.8 \sim 1.2$ s 周期段的速度平均值 $S_a$ 和 $S_v$，并将这两个参数除以反应谱中平均放大系数的经验值 2.5：

$$EPA = S_a/2.5 \tag{6.22}$$
$$EPV = S_v/2.5 \tag{6.23}$$

　　可以发现，EPA 和 EPV 通过简单的筛选计算，将高频区间的无用成分减少，从而进一步加强峰值加速度和结构最大响应的关联。

　　杨迪雄等(2009)基于长周期的近场地震动，挑选了 30 多个和结构主体无关的地震动参数，对双线性单自由度体系的最大位移和能量进行相关性分析，发现考虑长周期的有效峰值加速度参数和有效峰值速度参数，比原有的 EPV 以及 EPA 参数更加可靠，其表达式如下所示：

$$IEPA = \frac{S_a(T_{PA} - 0.2\ \text{s}, T_{PA} + 0.2\ \text{s})}{2.5} \tag{6.24}$$

$$IEPV = \frac{S_v(T_{PV} - 0.2\ \text{s}, T_{PV} + 0.2\ \text{s})}{2.5} \tag{6.25}$$

式中，$S_a(T_{PA} - 0.2\ \text{s}, T_{PA} + 0.2\ \text{s})$ 的物理意义是 $T_{PA} - 0.2$ s 到 $T_{PA} + 0.2$ s 周期区间内，拟加速度谱在 5% 阻尼比下的平均值；$S_v(T_{PV} - 0.2\ \text{s}, T_{PV} + 0.2\ \text{s})$ 表示同样周期区间和阻尼比下的拟速度谱平均值。

　　由于地震动的持时是比较长的，对于结构的破坏也并非一瞬间完成，而是有一个逐渐积累损伤的过程。基于这个理念，可以采用滞回耗能来反映结构的破坏程度。滞回耗能的计算公式如下所示：

$$E_h = \int_0^t f(t)\,\mathrm{d}V - \frac{1}{2K}[f_k]^2 \tag{6.26}$$

式中，$E_h$ 代表滞回耗能；$f(t)$ 表示恢复力大小；$K$ 是结构刚度；$f_k$ 为当下计算时刻的恢复力；$V$ 为结构相对于地面运动的位移大小。

　　地震动的弹性加速度谱的特征周期 $T_g$ (也称为过渡周期、角周期)是结构地震响应中的一个参数，在反应谱中具有非常重要的意义，可规定特征周期是有效峰值加速度和有效

峰值速度的函数,其计算公式如下:

$$T_g = 2\pi \frac{EPV}{EPA} \tag{6.27}$$

然而,考虑到近断层地震动的频谱特性,杨迪雄等(2009)提出了两个改进的强度指标,即改进的峰值加速度和改进的峰值速度,用改进后的参数替代改进前的参数,则上述特征周期公式可以改写为

$$T_{gi} = 2\pi \frac{IEPV}{IEPA} \tag{6.28}$$

Vidic 等(2010)提出特征周期并不仅仅取决于 EPV 和 EPA 两个参数,因而提出了一种改进的表达式:

$$T_C = 2\pi \frac{C_v}{C_a} \frac{EPV}{EPA} \tag{6.29}$$

式中,$C_v$ 和 $C_a$ 是谱幅值放大因子,取值通常在 2.0 ~ 2.5。

用于对比的 39 个地震动参数汇总见表 6.3,通过研究地震动记录截断前后地震动参数的变化,可以间接了解截断前后地震动强度特性的变化。

表6.3　各类地震动参数汇总

| 从地震动直接提取参数 | 从结构弹性反应提取参数 |
| --- | --- |
| PGA、PGV、PGD | 加速度谱峰值 $S_a$ |
| PGV/PGA | 速度谱峰值 $S_v$ |
| Arias 强度 $I_A$ | 位移谱峰值 $S_d$ |
| Saragoni 因子 $P_D$ | 有效峰值加速度 EPA |
| 均方根参数 RMSX | 有效峰值速度 EPV |
| 特征强度 $I_C$ | 改进的有效峰值加速度 IEPA |
| 破坏指标 $I_D$ | 改进的有效峰值速度 IEPV |
| 组合参数 $I_a$、$I_v$、$I_d$、$I_F$ | Housner 谱强度 $S_I(\zeta)$ |
| 累计绝对指标 CAV | 滞回耗能 $E_h$ |
| 最大增量速度 MIV | 特征周期 $T_g$ |
| 最大增量位移 MID | 改进的特征周期 $T_{gi}$ |
| 输入能 $E_{input}$ | Thomas 特征周期 $T_C$ |
| 能量功率参数 $P_{0.9}$ | |
| 重要性持时 $T_{0.9}$ | |
| 均方加速度(速度、位移)平方指标 $P_a$、$P_v$、$P_d$ | |
| Nau-Hall 指标 $a_{sq}$、$v_{sq}$、$d_{sq V}$ | |
| Nau-Hall 指标平方根形式 $a_{rs}$、$v_{rs}$、$d_{rs}$ | |

### 6.3.2　截断前后地震动参数变化

从以上对地震动参数的归纳总结和分析上看,许多地震动参数实际上与地震结构响应息息相关。这些参数中如 Arias 强度等的大部分地震动参数都与地震动持时有关,对于这样的参数,如果截断地震动势必会改变地震动参数的大小。部分参数如 PGA 等则是与某一个时间点有关,按照 6.2 节提出的截断方法截断地震动记录所得到的地震动参数是否改变还有待探究。

将选出的 1 338 条地震动记录用前 3 种方法截断,截断地震动记录的值随单自由度体系不同周期点变化,分别计算出原始地震动记录地震动参数值和截断后地震动记录地震动参数值。从计算出的情况可见,截断后的地震动参数有部分发生了变化,为了定量表征截断地震动记录前后地震动参数的变化量,计算出每条地震动截断前后的相对误差,相对误差计算公式如下:

$$\delta = \frac{|x_{tru} - x_{ori}|}{x_{ori}} \times 100\% \tag{6.30}$$

式中,$\delta$ 表示截断地震动记录前后地震动参数值的相对误差;$X_{ori}$ 表示原始地震动记录的地震动参数值;$X_{tru}$ 表示截断地震动记录后地震动参数值。按照式(6.30)计算出的相对误差将按从小到大的顺序分为 4 类:误差范围在 5% 以内、误差范围在 5% ~ 10%、误差范围在 10% ~ 20% ,以及误差范围在 20% 以上。从实际工程角度来看,截断地震动前后相对误差在 5% 以内为可忽略的误差,认为截断地震动记录前后地震动参数值基本不变;相对误差在 5% ~ 10 时认为是在工程实用时的可接受范围内;相对误差在 10% ~ 20% 时认为截断地震动前后地震动参数有较大变化,不建议使用截断后地震动记录计算地震动参数;相对误差在 20% 以上时认为截断地震动记录会带来地震动参数计算的错误。分别统计 1 338 条地震动记录按相应方法截断前后地震动参数在不同相对误差范围内的条数,见表 6.4 ~ 6.6,统计主要周期点($T$ 从 $T = 0.5$ s 开始,以 0.5 s 为间隔依次取值到 $T = 6$ s 结束,一共 12 个周期点)处地震动记录按方法一到方法三截断地震动记录前后,地震动参数变化在某一相对误差范围内地震动条数占所选地震动总数百分比。

表 6.4　方法一截断地震动记录前后地震动参数相对误差范围内地震动百分比　　　%

| 地震动参数 | 0 ~ 5% | 5% ~ 10% | 10% ~ 20% | 20% ~ 30% | 30% 以上 |
|---|---|---|---|---|---|
| PGA | 94.33 | 1.58 | 2.03 | 1.04 | 1.02 |
| PGV | 95.06 | 0.91 | 1.66 | 1.13 | 1.25 |
| PGD | 95.16 | 0.94 | 1.21 | 1.13 | 1.56 |
| PGV/PGA | 92.30 | 1.79 | 3.18 | 1.50 | 1.23 |
| $P_a$ | 2.33 | 4.45 | 7.56 | 7.21 | 78.46 |
| $P_v$ | 4.04 | 6.09 | 9.09 | 8.16 | 72.61 |
| $P_d$ | 5.27 | 6.80 | 10.64 | 8.78 | 68.50 |

续表 6.4

| 地震动参数 | 0~5% | 5%~10% | 10%~20% | 20%~30% | 30%以上 |
|---|---|---|---|---|---|
| RMSA | 6.98 | 8.09 | 14.61 | 12.61 | 57.72 |
| RSMV | 10.32 | 9.68 | 16.42 | 12.88 | 50.71 |
| RSMD | 12.27 | 11.16 | 16.76 | 13.74 | 46.06 |
| $a_{sq}$ | 33.82 | 14.47 | 16.93 | 10.37 | 24.41 |
| $v_{sq}$ | 19.25 | 13.91 | 20.99 | 13.60 | 32.26 |
| $d_{sq}$ | 14.60 | 11.64 | 17.69 | 14.85 | 41.23 |
| $A_{rs}$ | 47.82 | 16.12 | 16.47 | 9.27 | 10.32 |
| $V_{rs}$ | 32.50 | 19.81 | 22.19 | 12.46 | 13.04 |
| $D_{rs}$ | 25.50 | 16.67 | 23.92 | 13.91 | 19.99 |
| $I_A$ | 33.82 | 14.47 | 16.93 | 10.37 | 24.41 |
| $P_D$ | 6.13 | 3.47 | 6.18 | 4.69 | 79.54 |
| $I_C$ | 10.80 | 11.53 | 17.28 | 13.39 | 46.99 |
| $I_a$ | 26.88 | 15.11 | 22.15 | 14.59 | 21.27 |
| $I_v$ | 26.98 | 15.27 | 22.16 | 14.55 | 21.04 |
| $I_d$ | 26.63 | 14.94 | 22.11 | 14.32 | 21.99 |
| $I_F$ | 32.53 | 17.34 | 23.10 | 12.87 | 14.17 |
| $t_d$ | 13.88 | 7.64 | 12.85 | 11.07 | 54.56 |
| SED | 19.25 | 13.91 | 20.99 | 13.60 | 32.26 |
| $I_D$ | 33.94 | 14.58 | 17.32 | 10.73 | 23.44 |
| $P_{0.9}$ | 16.31 | 9.11 | 12.90 | 9.34 | 52.35 |
| $E_{input}$ | 44.65 | 12.79 | 13.72 | 7.85 | 20.99 |
| CAV | 10.69 | 8.22 | 15.27 | 15.11 | 50.71 |
| MID | 81.93 | 2.05 | 3.28 | 2.77 | 9.96 |
| MIV | 87.86 | 1.72 | 2.43 | 2.31 | 5.69 |
| EPA | 84.26 | 4.33 | 3.94 | 2.46 | 5.01 |
| EPV | 76.92 | 5.79 | 6.24 | 3.62 | 7.43 |
| IEPA | 82.98 | 4.30 | 4.67 | 3.06 | 4.99 |
| IEPV | 71.39 | 6.04 | 7.57 | 4.75 | 10.25 |
| $S_I(\zeta)$ | 70.41 | 8.76 | 8.82 | 5.26 | 6.75 |
| $T_g$ | 76.44 | 6.77 | 6.74 | 3.84 | 6.20 |
| $T_{gi}$ | 73.79 | 6.71 | 8.78 | 4.77 | 5.95 |
| $T_c$ | 92.30 | 1.79 | 3.18 | 1.50 | 1.23 |

表6.5  方法二截断地震动记录前后地震动参数相对误差范围内地震动百分比        %

| 地震动参数 | 0~5% | 5%~10% | 10%~20% | 20%~30% | 30%以上 |
|---|---|---|---|---|---|
| PGA | 99.83 | 0.08 | 0.08 | 0.00 | 0.01 |
| PGV | 99.64 | 0.11 | 0.11 | 0.10 | 0.05 |
| PGD | 98.13 | 0.30 | 0.44 | 0.44 | 0.68 |
| PGV/PGA | 99.50 | 0.14 | 0.22 | 0.10 | 0.05 |
| $P_a$ | 8.42 | 12.81 | 14.49 | 8.80 | 55.47 |
| $P_v$ | 9.24 | 13.87 | 15.16 | 8.90 | 52.83 |
| $P_d$ | 10.25 | 14.93 | 15.87 | 8.91 | 50.04 |
| RMSA | 21.59 | 15.34 | 15.65 | 11.50 | 35.91 |
| RSMV | 23.55 | 15.97 | 16.46 | 11.14 | 32.88 |
| RSMD | 25.70 | 16.51 | 17.34 | 11.28 | 29.16 |
| $a_{sq}$ | 75.31 | 9.76 | 8.38 | 3.23 | 3.32 |
| $v_{sq}$ | 65.75 | 15.03 | 9.12 | 3.64 | 6.46 |
| $d_{sq}$ | 53.93 | 15.72 | 13.48 | 5.23 | 11.64 |
| $a_{sr}$ | 84.66 | 8.20 | 4.96 | 1.43 | 0.76 |
| $v_{sr}$ | 80.32 | 8.99 | 5.82 | 2.68 | 2.19 |
| $d_{sr}$ | 69.11 | 13.20 | 8.32 | 3.59 | 5.77 |
| $I_A$ | 75.31 | 9.76 | 8.38 | 3.23 | 3.32 |
| $P_D$ | 15.24 | 7.74 | 10.38 | 5.98 | 60.66 |
| $I_C$ | 17.00 | 17.23 | 17.83 | 11.03 | 36.90 |
| $I_a$ | 65.50 | 14.16 | 10.78 | 4.92 | 4.65 |
| $I_v$ | 65.50 | 14.14 | 10.77 | 4.92 | 4.67 |
| $I_d$ | 65.20 | 14.04 | 10.64 | 4.71 | 5.42 |
| $I_F$ | 71.74 | 12.27 | 9.47 | 3.84 | 2.68 |
| $t_d$ | 47.22 | 11.54 | 14.80 | 7.95 | 18.49 |
| SED | 65.75 | 15.03 | 9.12 | 3.64 | 6.46 |
| $I_D$ | 75.32 | 9.78 | 8.44 | 3.30 | 3.16 |
| $P_{0.9}$ | 47.86 | 12.26 | 12.31 | 6.52 | 21.05 |
| $E_{input}$ | 78.34 | 8.11 | 7.13 | 2.81 | 3.60 |
| CAV | 39.93 | 13.54 | 19.93 | 10.61 | 15.98 |
| MID | 96.59 | 0.51 | 0.72 | 0.68 | 1.51 |
| MIV | 98.93 | 0.23 | 0.30 | 0.22 | 0.33 |
| EPA | 98.76 | 0.63 | 0.40 | 0.07 | 0.14 |

续表 6.5

| 地震动参数 | 0 ~ 5% | 5% ~ 10% | 10% ~ 20% | 20% ~ 30% | 30% 以上 |
|---|---|---|---|---|---|
| EPV | 97.00 | 1.06 | 1.00 | 0.45 | 0.49 |
| IEPA | 98.29 | 0.78 | 0.60 | 0.20 | 0.13 |
| IEPV | 95.30 | 1.45 | 1.45 | 0.86 | 0.94 |
| $S_1(\zeta)$ | 95.28 | 1.82 | 1.67 | 0.75 | 0.48 |
| $T_g$ | 96.84 | 1.18 | 1.00 | 0.43 | 0.54 |
| $T_{gi}$ | 95.79 | 1.34 | 1.41 | 0.79 | 0.66 |
| $T_c$ | 98.86 | 0.36 | 0.25 | 0.38 | 0.15 |

表 6.6　方法三截断地震动记录前后地震动参数相对误差范围内地震动百分比　　　　%

| 地震动参数 | 0 ~ 5% | 5% ~ 10% | 10% ~ 20% | 20% ~ 30% | 30% 以上 |
|---|---|---|---|---|---|
| PGA | 97.06 | 0.94 | 1.05 | 0.55 | 0.40 |
| PGV | 97.42 | 0.72 | 0.95 | 0.56 | 0.35 |
| PGD | 95.66 | 0.85 | 1.11 | 1.00 | 1.38 |
| PGV/PGA | 95.65 | 1.27 | 1.46 | 1.00 | 0.62 |
| $P_a$ | 2.20 | 4.27 | 7.21 | 6.86 | 79.46 |
| $P_v$ | 3.92 | 5.76 | 8.94 | 7.63 | 73.75 |
| $P_d$ | 5.18 | 6.73 | 10.44 | 8.71 | 68.94 |
| RMSA | 6.67 | 7.69 | 13.98 | 12.27 | 59.38 |
| RSMV | 9.86 | 9.47 | 16.00 | 12.94 | 51.73 |
| RSMD | 12.12 | 11.00 | 16.60 | 13.32 | 46.96 |
| $a_{sq}$ | 33.98 | 15.24 | 18.69 | 11.88 | 20.20 |
| $v_{sq}$ | 19.22 | 14.08 | 22.01 | 16.06 | 28.63 |
| $d_{sq}$ | 14.61 | 11.66 | 18.45 | 16.78 | 38.51 |
| $a_{sr}$ | 48.70 | 17.70 | 18.80 | 9.09 | 5.71 |
| $v_{sr}$ | 32.62 | 20.69 | 25.76 | 12.92 | 8.00 |
| $d_{sr}$ | 25.53 | 17.27 | 27.13 | 15.28 | 14.79 |
| $I_A$ | 34.11 | 15.29 | 18.69 | 11.81 | 20.10 |
| $P_D$ | 5.97 | 3.42 | 5.96 | 4.59 | 80.07 |
| $I_C$ | 10.64 | 11.79 | 17.86 | 13.34 | 46.37 |
| $I_a$ | 27.01 | 15.54 | 22.77 | 15.13 | 19.55 |
| $I_v$ | 27.09 | 15.61 | 22.90 | 15.08 | 19.32 |
| $I_d$ | 26.74 | 15.32 | 22.54 | 14.75 | 20.66 |

续表 6.6

| 地震动参数 | 0 ~ 5% | 5% ~ 10% | 10% ~ 20% | 20% ~ 30% | 30%以上 |
|---|---|---|---|---|---|
| $I_F$ | 32.85 | 17.78 | 23.95 | 13.58 | 11.84 |
| $t_d$ | 13.88 | 7.70 | 13.18 | 11.24 | 54.00 |
| SED | 19.22 | 14.08 | 22.01 | 16.06 | 28.63 |
| $I_D$ | 34.05 | 15.34 | 19.08 | 12.20 | 19.33 |
| $P_{0.9}$ | 16.09 | 9.00 | 12.56 | 8.96 | 53.39 |
| $E_{input}$ | 45.85 | 13.54 | 15.01 | 8.21 | 17.39 |
| CAV | 10.67 | 8.22 | 15.39 | 15.88 | 49.84 |
| MID | 88.00 | 2.05 | 3.09 | 2.42 | 4.44 |
| MIV | 93.36 | 1.27 | 1.50 | 1.48 | 2.39 |
| EPA | 88.83 | 4.12 | 3.72 | 1.76 | 1.56 |
| EPV | 81.39 | 6.10 | 6.19 | 2.96 | 3.36 |
| IEPA | 87.89 | 4.48 | 3.91 | 2.12 | 1.60 |
| IEPV | 76.37 | 6.57 | 7.60 | 4.44 | 5.02 |
| $S_I(\zeta)$ | 75.09 | 9.83 | 8.81 | 3.71 | 2.56 |
| $T_g$ | 80.79 | 6.74 | 6.26 | 2.98 | 3.23 |
| $T_{gi}$ | 78.34 | 6.67 | 8.12 | 3.77 | 3.10 |
| $T_c$ | 95.65 | 1.27 | 1.46 | 1.00 | 0.62 |

由表 6.4 ~ 6.6 可知,随着结构周期范围的增大,截断地震动记录前后地震动相对误差在 5% 以内的数量依次增多,地震动参数的相对误差减小,说明从地震动参数的角度出发,三种地震动记录截断方法对结构中长周期单自由度体系应用更好。从使用方法一到方法三截断地震动记录前后地震动参数变化情况中可以看出,大部分与持时相关的地震动参数在地震动记录截断前后变化较大,如均方参数 $P_a$、$P_v$ 和 $P_d$ 以及平方参数 $a_{sq}$、$v_{sq}$ 和 $d_{sq}$ 等。与地震动能量和结构损伤相关的参数如均方根参数 RMSA、RMSV 和 RMSD 以及特征强度 $I_C$,在地震动记录截断后变化均较大。滞回耗能是一个典型的能量累积型参数,与输入地震动记录持时紧密相关,因此截断地震动记录前后无法保证参数基本不变。对于地震动参数 PGA、PGV、PGD 和 PGV/PGA,使用三种方法截断地震动记录前后有超过 90% 的地震动记录基本未发生变化,说明对于单自由度体系结构,最大位移基本发生在峰值之后。对于地震动参数最大增量速度 MIV、最大增量位移 MID、有效峰值加速度 EPA、有效峰值速度 EPV、改进的有效峰值加速度 IEPA、改进的有效峰值速度 IEPV、Housner 谱强度 $S_I(\zeta)$、特征周期 $T_g$、改进的特征周期 $T_{gi}$、Thomas 特征周期 $T_c$ 九个用三种方法截断地震动记录后,至少有 70% 的地震动记录对其基本保持不变。综合对比方法一、方法二和

方法三,几乎所有参数方法二截断地震动记录后地震动参数变化最小,说明方法二截断地震动记录后舍弃部分更少,使用方法二截断地震动记录更保守。

对使用方法二截断地震动记录前后地震动参数变化情况进行统计,共有 14 个地震动参数在截断前后 95% 以上的地震动记录相对误差在 5% 以内,分别是峰值加速度 PGA、峰值速度 PGV、峰值位移 PGD、PGV/PGA、最大增量速度 MIV、最大增量位移 MID、有效峰值加速度 EPA、有效峰值速度 EPV、改进的有效峰值加速度 IEPA、改进的有效峰值速度 IEPV、Housner 谱强度 $S_1(\zeta)$、特征周期 $T_g$、改进的特征周期 $T_{gi}$、Thomas 特征周期 $T_C$。

# 6.4　输入地震动截断方法对多自由度结构的应用

本章提出的四种截断方法直接用于单自由度结构时是可行的,但将这四种方法应用到实际结构时,结构的层间位移角最大值在截断地震动记录前后是否会发生变化仍有待检验。基于此,选取两个高度为 4 层和 16 层的典型钢筋混凝土框架结构,将 1 338 条地震动记录按四种截断方法处理后输入到两个框架结构,通过计算对比截断地震动记录前后钢筋混凝土框架结构的层间位移角最大值的变化情况,检验四种方法的合理性,并分析产生变化的原因。

## 6.4.1　选取的典型结构

选取两个典型钢筋混凝土框架,用于验证所提输入地震动记录截断方法的合理性。两个 RC 框架的高度分别为 4 层和 16 层,依照我国《建筑抗震设计规范》(GB 50011—2010)规定,结构为 8 度设防(0.2$g$),设计地震分组为第一组,二类场地。图 6.13 和图 6.14 所示分别为两框架结构的结构平面图和结构立面图,从图中可以看出,两框架结构平面图均相同,框架分布均匀且规则,纵向跨度 36 m,六榀框架,每榀框架跨度为 6 m;横向跨度 15 m,共三跨榀框架,两侧为 6 m 一跨,中部走廊为 3 m 跨度。两个钢筋混凝土框架结构层高均为 3.3 m,4 层结构总高度为 13.2 m,16 层结构总高度为 52.8 m,通过分析对比两个框架结构的计算结果,研究结构高度对截断地震动记录误差的影响。混凝土保护层厚度取为 30 mm。表 6.7 和表 6.8 所示为 4 层框架结构和 16 层框架结构的梁柱混凝土级别选取情况、界面及其配筋情况。

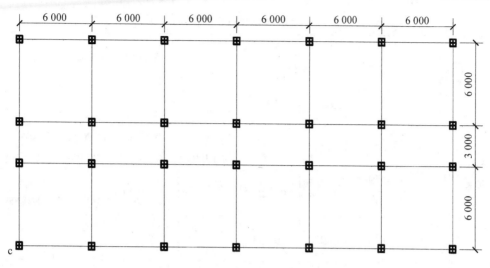

图 6.13　框架结构平面尺寸示意图

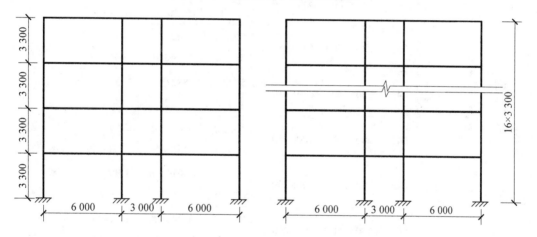

图 6.14　框架结构立面尺寸示意图

表 6.7　4 层和 16 层框架结构柱截面尺寸

| 结构编号 | | 混凝土等级 | 尺寸(高×宽)/(mm×mm) | | 主筋面积(mm²)/箍筋 | |
|---|---|---|---|---|---|---|
| | | | 边柱 | 中柱 | 边柱 | 中柱 |
| 4 层框架 | 1～4 层 | C30 | 500×500 | 500×500 | 3 292/ φ8@100 | 3 292/ φ8@100 |
| 16 层框架 | 1～2 层 | C45 | 650×650 | 650×650 | 8 046/ φ10@100 | 8 046/ φ10@100 |
| | 3～5 层 | C45 | 600×600 | 600×600 | 7 600/ φ10@100 | 7 600/ φ10@100 |
| | 6～10 层 | C45 | 550×550 | 550×550 | 6 280/ φ8@100 | 6 280/ φ8@100 |
| | 11～16 层 | C45 | 450×450 | 450×450 | 3 316/ φ10@100 | 3 316/ φ10@100 |

**表 6.8　4 层和 16 层框架结构梁截面尺寸**

| 结构编号 | | 混凝土等级 | 尺寸(高×宽)/(mm×mm) | | 主筋面积(mm²)/箍筋 | | | |
|---|---|---|---|---|---|---|---|---|
| | | | 边跨 | 中跨 | 边跨 | | 中跨 | |
| | | | | | 支座 | 跨中 | 支座 | 跨中 |
| 4 层框架 | 1~3 层 | C30 | 500×250 | 500×250 | 1 296/φ 8@100 | 1 074/φ 8@200 | 1 296/φ 8@100 | 1 074/φ 8@200 |
| | 4 层 | C30 | 500×250 | 500×250 | 1 251/φ 8@100 | 1 140/φ 8@200 | 1 296/φ 8@100 | 1 074/φ 8@200 |
| 16 层框架 | 1~4 层 | C45 | 650×250 | 650×250 | 2 502/φ 8@100 | 1 074/φ 8@200 | 2 502/φ 8@100 | 1 900/φ 8@200 |
| | 5~6 层 | C45 | 650×250 | 650×250 | 2 502/φ 8@100 | 1 074/φ 8@200 | 2 502/φ 8@100 | 1 473/φ 8@200 |
| | 7~8 层 | C45 | 650×250 | 650×250 | 2 502/φ 8@100 | 882/φ 8@200 | 2 502/φ 8@100 | 1 074/φ 8@200 |
| | 9~10 层 | C45 | 650×250 | 650×250 | 2 502/φ 8@100 | 882/φ 8@200 | 2 502/φ 8@100 | 882/φ 8@200 |
| | 11~12 层 | C45 | 500×250 | 500×250 | 2 502/φ 8@100 | 1 074/φ 8@200 | 2 502/φ 8@100 | 882/φ 8@200 |
| | 13~15 层 | C45 | 500×250 | 500×250 | 1 900/φ 8@200 | 1 074/φ 8@200 | 1 900/φ 8@200 | 882/φ 8@200 |
| | 16 层 | C45 | 500×250 | 500×250 | 1 231/φ 8@100 | 1 140/φ 8@200 | 1 231/φ 8@100 | 1 140/φ 8@200 |

　　如表 6.7 和表 6.8 所示,4 层框架中采用了 C30 混凝土而 16 层框架采用了 C45 混凝土,两种混凝土的材料参数见表 6.9。混凝土材料本构模型采用 Kent-Park 模型,其材料本构关系曲线如图 6.15 所示,该模型考虑了混凝土强度曲线下降段在多轴作用情况下的强度加强效应。钢筋采用 HRB335 热轧钢筋,其屈服强度标准值为 335 MPa,钢筋弹性模量取为 $2×10^5$ MPa,钢筋极限抗拉强度取为标准屈服强度的 1.4 倍,即 469 MPa,钢筋从 0.03 应变处开始发生硬化,硬化模量为 $E_s/60$。钢筋本构模型采用三折线模型进行模拟,如图 6.16 所示为三折线本构模型。梁柱滞回模型采用三参数的 Park 模型作为梁柱端部滞回模型,将刚度强度的衰减和钢筋的滑移影响考虑在内。

表 6.9　不同强度等级混凝土参数

| 混凝土强度等级 | 轴心抗压强度标准值 $f_{ck}$/MPa | 轴心抗拉强度标准值 $f_{tk}$/MPa | 混凝土弹性模量 $E_c$/MPa | 最大压应力对应的压应变 EPSO | 极限压应变 EPSU |
|---|---|---|---|---|---|
| C30 | 20.1 | 2.0 | $3.0\times10^4$ | 0.002 | 0.003 3 |
| C45 | 29.6 | 2.51 | $3.35\times10^4$ | 0.002 | 0.003 3 |

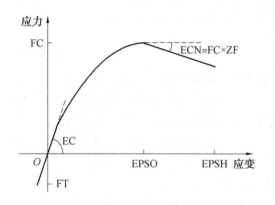 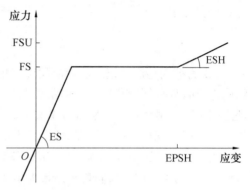

图 6.15　混凝土材料本构关系曲线　　　图 6.16　钢筋材料本构关系曲线

使用有限元软件 IDARC2D 对 4 层和 16 层框架结构进行模态分析,结果见表 6.10 和表 6.11,4 层框架结构和 16 层框架结构的基本周期分别为 0.9 s 和 2.6 s。6.2.2 节所提方法四中指出,考虑到高阶模态效应对结果的影响,用模态参与质量>90% 对应的振型个数来确定参与计算的周期。由表 6.10 和表 6.11 计算 4 层 RC 框架结构前两阶振型相对振型参与质量为 95%,16 层 RC 框架结构前三阶振型相对振型参与质量为 92%,按以上原则,4 层框架选用 0.9 s 和 0.3 s 作为参与计算的周期,16 层框架选用 2.6 s、0.9 s 和 0.5 s 作为参与计算的周期。

表 6.10　4 层框架结构模态分析结果

| 振型 | 频率/Hz | 周期/s | 振型参与系数 | 相对振型参与质量/% |
|---|---|---|---|---|
| 1 | 1.133 48 | 0.882 24 | 0.633 4 | 83.999 |
| 2 | 3.748 11 | 0.266 8 | 0.229 4 | 11.016 |

表 6.11　16 层框架结构模态分析结果

| 振型 | 频率/Hz | 周期/s | 振型参与系数 | 相对振型参与质量/% |
|---|---|---|---|---|
| 1 | 0.387 36 | 2.581 56 | 1.180 9 | 73.008 |
| 2 | 1.075 92 | 0.929 44 | −0.518 | 14.049 |
| 3 | 1.991 14 | 0.502 22 | 0.301 | 4.744 |

### 6.4.2　地震动截断前后层间位移角最大值变化

将 1 338 条地震动记录输入到两框架结构的等效单自由度体系,多自由度体系等效为单自由度体系的原则是结构周期和结构体系质量相同,按提出的四种地震动记录截断方法对地震动进行处理,将截断前后的地震动记录采用有限元分析软件对两个 RC 框架结构进行时程分析,计算出截断前后层间位移角最大值。对结果进行统计分析发现,绝大多数地震动记录截断前后两个框架每一层楼的层间位移角最大值未发生改变,仅有少数地震动记录截断后在部分楼层的层间位移角发生变化,计算地震动记录截断后相对误差,计算公式如下:

$$\Delta = \frac{|u_{tru} - u_{ori}|}{u_{ori}} \times 100\% \qquad (6.31)$$

式中,$\Delta$ 为截断地震动记录前后层间位移角最大值的相对误差;$u_{tru}$ 为截断地震动记录对结构进行时程分析所获层间位移角最大值;$u_{ori}$ 为原始地震动记录对结构进行时程分析所获层间位移角最大值。分别统计 1 338 条地震动记录截断前后两个框架结构每层层间位移角最大值出现相对误差情况,统计结果如图 6.17 ~ 6.24 所示。由于软件计算时计算精度和迭代精度的影响,相对误差在 0.01% 以下是可以忽略的。此时,认为截断地震动记录前后,结构每一层的层间位移角最大值不发生改变。

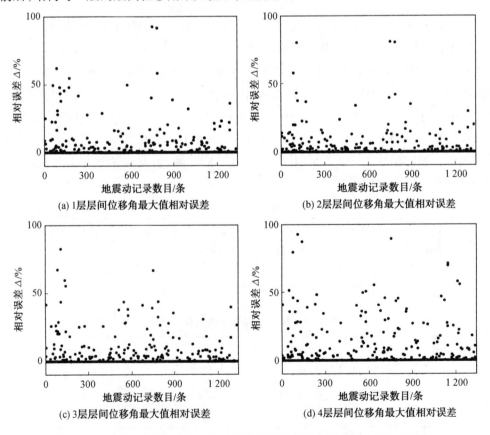

(a) 1 层层间位移角最大值相对误差

(b) 2 层层间位移角最大值相对误差

(c) 3 层层间位移角最大值相对误差

(d) 4 层层间位移角最大值相对误差

图 6.17　方法一截断地震动前后 4 层框架结构层间位移角最大值相对误差

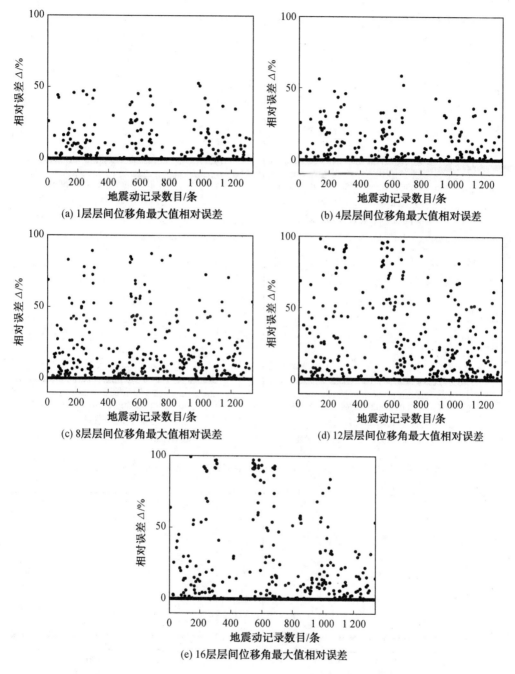

(a) 1层层间位移角最大值相对误差

(b) 4层层间位移角最大值相对误差

(c) 8层层间位移角最大值相对误差

(d) 12层层间位移角最大值相对误差

(e) 16层层间位移角最大值相对误差

图 6.18　方法一截断地震动前后 16 层框架结构层间位移角最大值相对误差

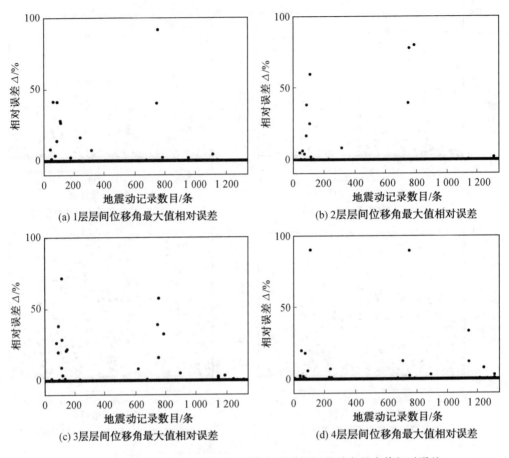

图 6.19　方法二截断地震前后 4 层框架结构层间位移角最大值相对误差

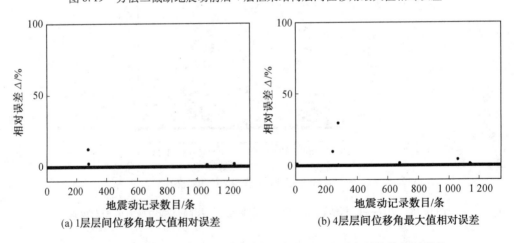

图 6.20　方法二截断地震前后 16 层框架结构层间位移角最大值相对误差

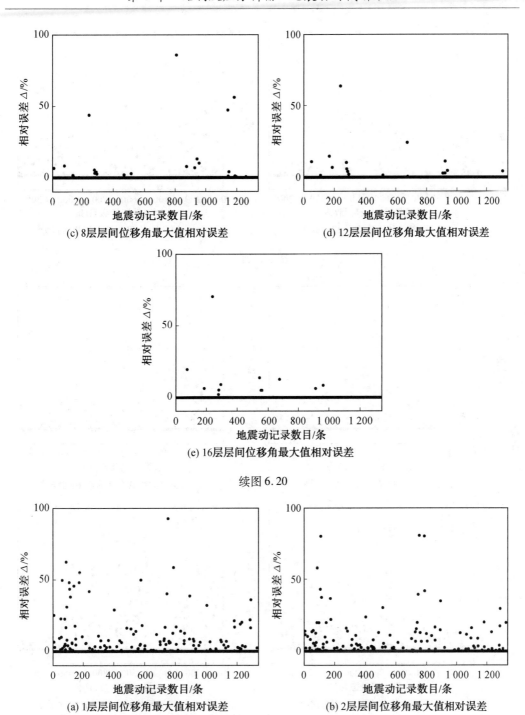

(c) 8层层间位移角最大值相对误差

(d) 12层层间位移角最大值相对误差

(e) 16层层间位移角最大值相对误差

续图 6.20

(a) 1层层间位移角最大值相对误差

(b) 2层层间位移角最大值相对误差

图 6.21　方法三截断地震动前后 4 层框架结构层间位移角最大值相对误差

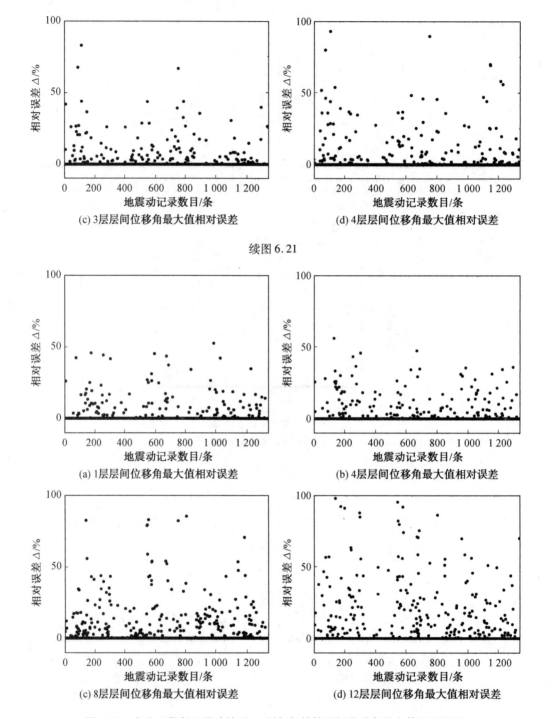

(c) 3层层间位移角最大值相对误差　　　　(d) 4层层间位移角最大值相对误差

续图 6.21

(a) 1层层间位移角最大值相对误差　　　　(b) 4层层间位移角最大值相对误差

(c) 8层间位移角最大值相对误差　　　　(d) 12层层间位移角最大值相对误差

图 6.22　方法三截断地震动前后 16 层框架结构层间位移角最大值相对误差

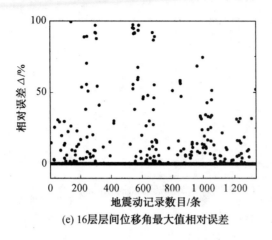

(e) 16层层间位移角最大值相对误差

续图 6.22

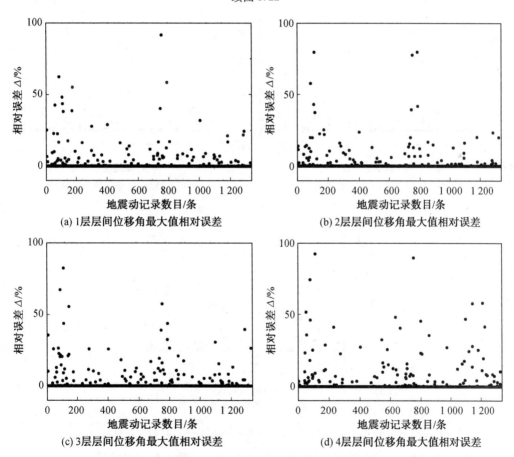

(a) 1层层间位移角最大值相对误差

(b) 2层层间位移角最大值相对误差

(c) 3层层间位移角最大值相对误差

(d) 4层层间位移角最大值相对误差

图 6.23　方法四截断地震动前后 4 层框架结构层间位移角最大值相对误差

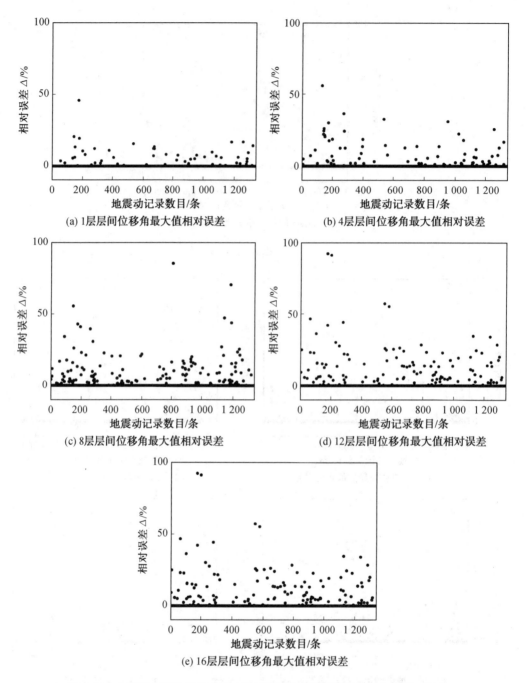

图 6.24　方法四截断地震动前后 16 层框架结构层间位移角最大值相对误差

　　由以上四种方法对地震动记录截断前后两个钢筋混凝土框架结构层间位移角最大值相对误差对比分析可知,使用四种方法截断地震动记录均会带来一定误差,但大部分地震动记录截断前后结构层间位移角最大值不发生改变,由此可见四种方法截断地震动记录均具有一定的可行性。

　　在方法一到方法四的相对误差对比中,使用方法二截断地震动记录后结构层间位移角最大值相对误差最小,其次是方法四和方法三,方法一截断地震动记录后结构层间位移角最大值相对误差最大。说明四种方法中使用方法二截断地震动记录最为准确,且方法四优于方法三,方法三优于方法一。这是由于方法二采用了 $0.2 \sim 1.5$ 倍结构基本周期段内的最大位移出现时刻作为截断标准,考虑了结构进入弹塑性状态时结构周期延长效应和高阶振型的影响,更为准确地描述了结构处于弹塑性状态时结构周期的变化情况。相较于其余方法,方法一并未考虑结构进入弹塑性状态时结构周期的变化,仅考虑了结构基本周期的贡献,将两个框架结构的周期用基本周期代替,虽然两个钢筋混凝土结构均为第一振型主导的结构,但第一振型的模态参与质量仍未达到规范中规定的 90%,因此结果误差最大。方法三虽然考虑了弹塑性状态结构周期延长现象和高阶振型的影响,但在截断时采用的是 $0.2 \sim 1.5$ 倍结构基本周期段内最大位移出现时刻的平均值作为截断标准,大部分情况下,$0.2 \sim 1.5$ 倍结构基本周期段内最大位移出现时刻的平均值小于基本周期点处最大位移出现时刻,所以方法三和方法一截断情况极其相似,只在小部分周期段有改进。与方法二相比,方法四采用的是模态参与质量>90% 对应的前 $n$ 个周期点处最大位移出现时刻的最大值,虽然考虑了高阶振型的影响,但并未考虑结构进入弹塑性状态时结构周期延长的影响,所以计算结果误差较方法二更大。

为定量对比 4 层框架和 16 层框架间相对误差的差异性,分别计算 4 层框架结构和 16 层框架结构相对误差的平均值,见表 6.12。由表 6.12 可知,分别对比同一方法下两框架结构的层间位移角最大值相对误差可知,方法一和方法三层间位移角最大值的平均相对误差 4 层较 16 层小,方法二和方法四层间位移角最大值的平均相对误差 16 层较 4 层小。对于方法一,仅考虑通过基本周期的等效将结构简化为单自由度模型时,结构高度越高,简化为单自由度结构出现的误差越大,所以 4 层框架结构层间位移角最大值的相对误差小于 16 层框架结构。对于方法三,由于和方法一截断情况极其相似,因此出现 4 层框架结构层间位移角最大值的相对误差小于 16 层框架结构的原因和方法一类似。

**表 6.12　不同方法下 4 层和 16 层框架结构层间位移角最大值平均相对误差**

| 楼层数 | 不同方法平均相对误差/% | | | |
| --- | --- | --- | --- | --- |
| | 方法一 | 方法二 | 方法三 | 方法四 |
| 4 层框架 | 1.58 | 0.28 | 1.34 | 1.03 |
| 16 层框架 | 4.24 | 0.14 | 2.62 | 0.95 |

对于方法二,采用了 $0.2 \sim 1.5$ 倍结构基本周期段内的最大位移出现时刻作为截断的准则,4 层框架的基本周期为 $0.9$ s,其 $0.2T_1 \sim 1.5T_1$ 的周期段为 $0.18 \sim 1.35$ s;16 层框架的基本周期为 $2.6$ s,其 $0.2T_1 \sim 1.5T_1$ 的周期段为 $0.52 \sim 3.9$ s。16 层的周期段跨度更广,在地震动记录截断时更容易取到准确的最大位移响应时刻。此外,根据周期延长的研究,随结构弹性周期的增长,结构弹塑性状态周期与弹性周期的比值呈降低趋势,基本周期为 $0.9$ s 的结构进入弹塑性状态时结构周期延长到大于 $1.5T_1$ 以上的概率远大于基本周期

为 2.6 s 的结构,因此 4 层结构在地震作用下进入弹塑性状态后结构周期延长至大于 $1.5T_1'$ 的概率远大于 16 层结构,所以对方法二而言 4 层框架结构层间位移角最大值的相对误差大于 16 层框架结构。

对于方法四,采用模态参与质量 >90% 对应的前 $n$ 个周期点处最大位移出现时刻的最大值为截断标准的取值,可等同于在 $0.2T_1 \sim T_1$ 范围内的某几个周期点最大位移出现时刻的最大值,类似于方法二,对于短周期结构而言,进入弹塑性状态的周期大于弹性状态周期 1.5 倍的概率比中长周期结构大,因此对方法四而言,4 层框架结构层间位移角最大值的相对误差大于 16 层框架结构。

**1. 基于结构状态的相对误差分析**

由我国《建筑抗震设计规范》(GB 50011—2010)的规定可知,对于钢筋混凝土框架结构,弹性层间位移角的限值为 1/550,即当结构层间位移角最大值小于 1/550 时,结构处于弹性状态,当结构层间位移角最大值大于 1/550 时,结构进入弹塑性状态,且随着层间位移角的增大,结构塑性状态增强。当结构层间位移角最大值大于 1/50 时,结构倒塌。按式(4.1)计算截断前后 4 层框架结构和 16 层框架结构层间位移角最大值的相对误差,相对误差与层间位移角最大值关系曲线如图 6.25 所示。

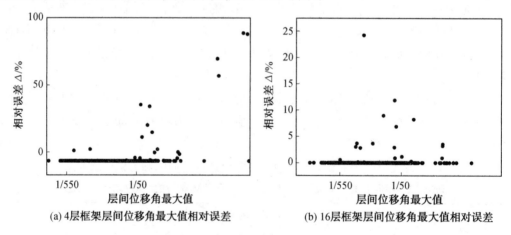

(a) 4 层框架层间位移最大值相对误差　　　　(b) 16 层框架层间位移角最大值相对误差

图 6.25　4 层和 16 层框架结构层间位移角最大值相对误差与层间位移角最大值关系

对于 4 层框架结构,仅有 7 条地震动记录作用下结构仍处于弹性状态,约 8% 的地震动记录使结构倒塌,对于 16 层框架结构,仅有 81 条地震动记录作用下结构仍处于弹性状态,约 5% 的地震动记录使结构倒塌,大部分地震动记录作用下结构处于弹塑性状态。由图 6.25 可知,随着结构塑性状态的增强,结构截断前后层间位移角最大值出现相对误差概率增大且相对误差值呈增大趋势,当结构倒塌后,相对误差值陡然增加。这是由结构进入塑性状态后结构周期延长到大于 1.5 倍基本周期造成的。方法二采用 0.2 ~ 1.5 倍基本周期段内的最大位移出现时刻作为截断的准则,但随着结构塑性的增强,结构周期不断增大,由结构周期延长研究可知,此时结构周期有极大概率延长到大于 1.5 倍基本周期以上,在最大位移出现时刻截断值上会出现误差。因此,使用方法二进行地震动记录截断时出现的误差与结构弹塑性状态有关。

**2. 基于 PGA 的相对误差分析**

我国《建筑抗震设计规范》(GB 50011—2010)中明确规定,对建筑结构进行抗震设计时,应遵循"三水准"的设防要求,即小震不坏(结构应处于弹性状态)、中震可修(结构应处于弹塑性状态)、大震不倒(结构处于弹塑性大变形状态)。本章选取的两个钢筋混凝土框架结构为 8 度设防,因此,小震时对应的地震动 PGA 为 $0.1g$,中震时对应的地震动 PGA 为 $0.2g$,大震时对应的地震动 PGA 为 $0.4g$。如图 6.26 所示,为地震动记录截断前后 4 层框架结构和 16 层框架结构层间位移角最大值的相对误差与地震动 PGA 关系曲线。

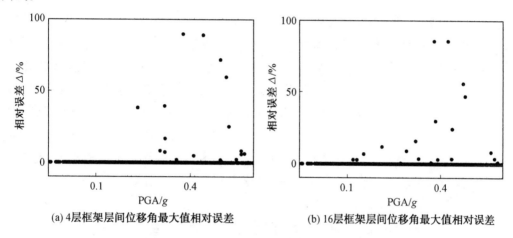

(a) 4 层框架层间位移角最大值相对误差　　　(b) 16 层框架层间位移角最大值相对误差

图 6.26　4 层和 16 层框架结构层间位移角最大值相对误差与 PGA 关系

如图 6.26 所示,随着 PGA 的增加,结构截断前后层间位移角最大值出现相对误差概率增大且相对误差值呈增大趋势,当 PGA 大于 $1g$ 时,相对误差增大。与结构弹塑性状态相对应,这是由结构进入塑性状态后结构周期延长到大于 1.5 倍基本周期造成的。当 PGA 大于设防烈度对应小震水平时,地震动记录截断前后层间位移角最大值开始出现误差,当 PGA 大于设防烈度对应大震水平时,相对误差出现概率增大,且误差值增加。因此,使用方法二进行地震动记录截断时出现的误差与 PGA 有关。

综上所述,通过对比提出的四种地震动截断方法下地震动参数和结构峰值位移响应变化的情况可知,使用方法二截断地震动记录后结构层间位移角最大值的平均相对误差显著减小,方法二是四种方法中的最优方法。在实际工程应用中,5% 以下的结构层间位移角最大值相对误差为可忽略的误差。因此,将结构层间位移角最大值相对误差在 5% 以下的地震动记录看作合格记录,计算获得使用方法二进行地震动记录截断时,4 层框架结构和 16 层框架结构仅有 0.009 3% 和 0.005 7% 的地震动记录会产生误差,因此,建议采用方法二作为最终的地震动记录截断方法,即采用 0.2 ~ 1.5 倍结构基本周期段内结构等效单自由度结构体系的最大位移出现时刻作为截断时刻,可以节省计算时间。

# 第7章 结构反应分析等效
# 地震激励的构造方法

## 7.1 引　言

直接使用地震动进行结构反应的验算通常需要若干条地震动记录,这无疑再次增加了结构非线性时程反应分析的计算量。另外的一个情况是进行非线性时程反应分析时,通常会对地震动进行强度上的调幅。因此,当需要使用若干条地震动并调幅计算时(这是广泛使用的增量动力分析方法的典型情况),时程分析的次数可能上升到几百甚至几千次。如果能开发一种方法,通过一次时程分析即可得到结构从轻微损伤至倒塌破坏的所有反应数据,分析中可以充分考虑结构动力特性,使分析结果准确的同时计算效率也得到很大的提高,那么将是一种非常有前途的方法。本章对如何构造类似等效地震激励的方法进行探索,介绍了一种结构反应分析等效地震激励的构造方法。

## 7.2　地震动的选择和典型结构

本章选择的地震动数量为 400 条,地震动记录来自于 25 个历史地震,比较充分地考虑了地震动记录的随机性。从所选择的地震动记录来看,虽然某次地震所包含的地震动记录多少不一,但不存在某一地震案例在该地震动数据库中占据主导地位。

第 6 章采用 4 层和 16 层两个钢筋混凝土框架结构作为验证,本章在此基础上增加两个结构,其高度分别为 8 层、12 层。其设计的地震环境、场地、设计地震分组、平面尺寸均与第 6 章结构一致,具体平立面示意图可参考 6.4.1 节中图 6.13 和图 6.14。两结构各个梁、柱截面的具体参数见表 7.1、表 7.2。8 层、12 层框架结构分别采用 C35、C40 强度等级的混凝土材料,混凝土材料的本构关系采用了 Kent-Park 模型,其参数见表 7.3。钢筋及梁柱端部的滞回模型与参数设置与第 6 章中结构相同,详细内容可见 6.4.1 节中的相关描述,在此不再赘述。

表 7.1　框架结构柱截面尺寸

| 结构编号 | | 混凝土等级 | 尺寸(高×宽) /(mm×mm) | | 主筋面积(mm²)/箍筋 | |
|---|---|---|---|---|---|---|
| | | | 边柱 | 中柱 | 边柱 | 中柱 |
| 8 层框架 | 1~8 层 | C35 | 500×500 | 500×500 | 3 292/ φ 10@100 | 3 292/ φ 10@100 |
| 12 层框架 | 1~2 层 | C40 | 600×600 | 600×600 | 4 738/ φ 8@100 | 4 738/ φ 8@100 |
| | 3~6 层 | C40 | 550×550 | 550×550 | 4 387/ φ 8@100 | 4 387/ φ 8@100 |
| | 7~12 层 | C40 | 500×500 | 500×500 | 3 292/ φ 8@100 | 3 292/ φ 8@100 |

表 7.2　框架结构梁截面尺寸

| 结构编号 | | 混凝土等级 | 尺寸(高×宽) /(mm×mm) | | 主筋面积(mm²)/箍筋 | | | |
|---|---|---|---|---|---|---|---|---|
| | | | 边跨 | 中跨 | 边跨 | | 中跨 | |
| | | | | | 支座 | 跨中 | 支座 | 跨中 |
| 8 层框架 | 1~6 层 | C35 | 500×250 | 500×250 | 1 702/ φ 8@100 | 1 074/ φ 8@200 | 1 702/ φ 8@100 | 1 074/ φ 8@200 |
| | 7 层 | C35 | 500×250 | 500×250 | 1 473 φ 8@100 | 1 074/ φ 8@200 | 1 473/ φ 8@100 | 1 074/ φ 8@200 |
| | 8 层 | C35 | 500×250 | 500×250 | 1 251/ φ 8@100 | 1 140/ φ 8@200 | 1 251/ φ 8@100 | 1 140/ φ 8@200 |
| 12 层框架 | 1~4 层 | C40 | 650×250 | 650×250 | 1 924/ φ 8@100 | 882/ φ 8@200 | 1 924 φ 8@100 | 1 702/ φ 8@150 |
| | 5~6 层 | C40 | 650×250 | 650×250 | 1 924 φ 8@100 | 1 140/ φ 8@200 | 1 924/ φ 8@100 | 1 140/ φ 8@200 |
| | 7~8 层 | C40 | 500×250 | 500×250 | 1 924/ φ 8@100 | 1 140/ φ 8@200 | 1 924 φ 8@100 | 1 140/ φ 8@200 |
| | 9 层 | C40 | 500×250 | 500×250 | 1 924/ φ 8@100 | 1 140/ φ 8@200 | 1 924/ φ 8@100 | 882/ φ 8@200 |
| | 10~11 层 | C40 | 500×250 | 500×250 | 1 473 φ 8@100 | 1 140/ φ 8@200 | 1 473/ φ 8@100 | 882/ φ 8@200 |
| | 12 层 | C40 | 500×250 | 500×250 | 1 251/ φ 8@100 | 1 140/ φ 8@100 | 1 251/ φ 8@100 | 882/ φ 8@100 |

表7.3　不同强度等级混凝土参数

| 混凝土强度等级 | 轴心抗压强度标准值 $f_{ck}$/MPa | 轴心抗拉强度标准值 $f_{tk}$/MPa | 混凝土弹性模量 $E_c$/MPa | 最大压应力对应的压应变 EPSO | 极限压应变 EPSU |
|---|---|---|---|---|---|
| C35 | 23.4 | 2.2 | $3.15×10^4$ | 0.002 | 0.003 3 |
| C40 | 26.8 | 2.39 | $3.25×10^4$ | 0.002 | 0.003 3 |

增量动力分析(Incremental Dynamic Analysis, IDA)是将地震动的幅值从小到大进行调整,并利用调幅后的地震动对结构进行时程分析,利用结构在不同强度地震作用下的结构损伤程度(Damage Measure, DM)与地震动强度参数(Intensity Measure, IM)之间的关系表征结构的抗震性能,利用大量的地震动对结构进行 IDA 计算,可以减小由于单条地震动随机性存在的误差,进而比较准确地评价结构的抗震性能。IDA 分析覆盖了结构反应的整个变化过程,可对结构在地震作用下的反应从弹性到弹塑性直到结构动力失稳做出全面评估,同时能够反映出结构在不同强度等级地震下的地震需求能力和整体抗倒塌能力,能够体现出结构的强度、刚度及变形的变化过程。

对 4 个 RC 框架结构进行 IDA 计算。将框架结构每次时程分析的层间位移角最大值作为结构损伤的评价指标,即根据每条地震动在各个强度的时程分析结果,确定结构在不同强度地震动作用下层间位移角最大值与 PGA 的关系曲线。利用 400 条实际地震动记录的 IDA 中值曲线作为最终分析结果,用来评价各个框架结构的抗震性能,也将作为分析基准,在后续章节中利用其作为评价各个等效地震激励分析方法的准确性与合理性。图7.1所示为 4 层和 16 层 RC 框架结构不同层的 IDA 中值曲线。

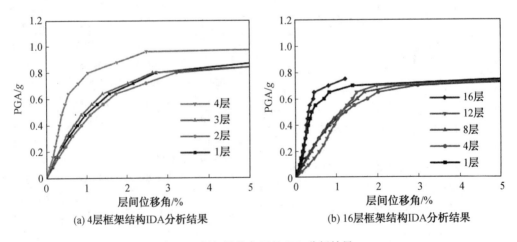

(a) 4层框架结构IDA分析结果　　(b) 16层框架结构IDA分析结果

图 7.1　框架结构各层的 IDA 分析结果

## 7.3　利用弹性反应谱构造等效地震激励

等效地震激励分析法的核心思想是通过构造一条强度不断增加的荷载激励,仅利用一次时程分析能够模拟结构从轻微损伤到倒塌破坏的整个过程。等效地震激励模拟的结果准确与否,很大程度上取决于地震动强度指标的选择是否合理。地震动加速度反应谱是指单自由度体系加速度反应量的最大值与结构自振周期的关系曲线,加速度反应谱值表示结构所受地震力的大小。因此,将加速度反应谱作为拟合依据代表着在等效地震激励的作用下,结构所受地震力是随着持续时间的推移而不断增长的,这个过程与增量动力分析(IDA)的过程是相似的,而在整个过程中地震动强度也是随着反应谱的增长而增强,所以仅利用一次等效地震激励的分析便可得到结构破坏指数与地震动强度指数之间的关系曲线,相当于利用一条地震动经过多次调幅计算得出的结果。本节内容是将地震动弹性反应谱作为目标反应谱来拟合等效地震激励,进而分析其合理性与不足之处。

### 7.3.1　等效地震激励构造方法

利用弹性反应谱拟合等效地震激励,首先应确定等效地震激励目标时间点 $t_{\mathrm{Target}}$ 对应的目标反应谱,即等效地震激励在 $0 \sim t_{\mathrm{Target}}$ 的持续时间作用下的反应谱与确定的目标反应谱匹配,其他各个时间点处所对应的反应谱与持续时间 $t$ 呈线性关系,即

$$S_{\mathrm{aC}}(T,t) = \frac{t}{t_{\mathrm{Target}}} S_{\mathrm{aT}}(T,t) \tag{7.1}$$

式中,$t_{\mathrm{Target}}$ 为目标时间点;$S_{\mathrm{aT}}$ 为预先指定的反应谱值(一般为规范设计谱或指定地震动反应谱);$S_{\mathrm{aC}}$ 为目标反应谱值,即选定目标时间点以及所需匹配的反应谱,则所构造的地震动时程在各个时间点的反应谱与 $S_{\mathrm{aT}}$ 呈线性关系。弹性谱拟构造等效地震激励的核心思想是,使加速度时程上的任一点均满足上式的要求,显然在每个时间点上都满足该要求是无法实现的(一定精度下),因而该问题可转换为如下无约束变量的优化问题:

$$\min F(\ddot{u}_{\mathrm{g}}) = \int_0^{T_{\max}} \int_0^{t_{\max}} \{ [ S_{\mathrm{a}}(T,t) - S_{\mathrm{aT}}(T,t) ]^2 \} \mathrm{d}t\mathrm{d}T \tag{7.2}$$

式中,$F(\ddot{u}_{\mathrm{g}})$ 为全时程各个时间点处反应谱值与目标反应谱差平方和。从以上可以看出,利用弹性反应谱拟合生成等效地震激励的关键在于如何寻找一条最优的时程,使得该时程的反应谱与目标反应谱在任意时刻均能最大限度地吻合。利用各个时间点处目标谱与时程反应谱的差值和平方的最小值来决定拟合情况优劣,可以在整条谱的层面上保证得到的等效地震激励是满足要求的最优时程。以上方法的提出和详细的实现可参考 Estekanchi 等(2008)、Estekanchi 等(2010)的文献。

### 7.3.2　目标弹性反应谱的确定

一般来说,选用的 $S_{\mathrm{aT}}(T)$ 反应谱有两种情况,其一是满足目标地点建筑抗震设计规

范的设计谱,另一种是指定实际地震动记录的反应谱,本章采用后者,即采用 7.2 节中确定的地震动数据库的平均反应谱。由于 4 个框架结构的设防条件均为 8 度设防、Ⅱ类场地、第一设计地震分组,通过调幅将数据库中的 400 条地震动的 PGA 调至与 8 度抗震设防相适应的实际地震动记录加速度峰值 $0.4g$,计算得到的平均反应谱如图 7.2 所示。

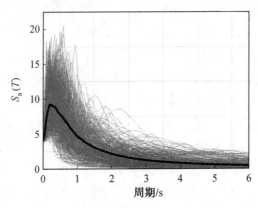

图 7.2　实际地震动记录弹性平均反应谱

### 7.3.3　地震激励时程的反应谱拟合

实际上,利用弹性谱构造等效地震激励的方法在理论上主要存在两个比较明显的不足之处。其一是目标时间点的确定没有统一的理论,根据式(7.1)可知,确定目标谱是构造等效地震激励的重要步骤,进而根据持续时间与反应谱呈线性增长关系可以拟合整个时程,但是对于选用的目标反应谱所对应的目标时间点 $t_{Target}$ 尚未形成较有说服力的确定方法。根据 Estekanchi 等(2008)、Estekanchi 等(2010)对等效地震激励方法的研究,等效地震激励的持时一般取 30 s,即目标时间点取 10 s。其二是利用弹性谱为拟合时程的目标反应谱构造等效地震激励。这种方式可以在结构处于弹性段时比较好地模拟结果在实际地震作用下的动力反应,但结构进入弹塑性阶段后,对于实际结构地震反应的模拟缺乏可靠性,并不能模拟结构的非线性变化过程,所以利用弹性谱拟合的等效地震激励在结构进入弹塑性阶段后,其结果应该与实际地震动作用结果有一定差异。因此,本节对弹性谱拟合时程方法存在的理论上的不足之处做出相应的计算分析,衡量一下该方式的精度。

利用实际地震动记录的平均谱构造三条持时均为 30 s 的等效地震激励,其 0~10 s 的反应谱与实际地震动的平均反应谱相对应,0~20 s、0~30 s 的反应谱分别与 2 倍、3 倍反应谱相对应,其地震时程与反应谱拟合情况如图 7.3 所示。利用拟合的三条相同持时的增量地震激励的平均计算结果与 IDA 结果相对比,可以尽量减小由于单条时程的随机性带来的误差。其次,分析不同持时作用下结构分析结果的差异,即拟合过程中选择不同目标时间点对结构分析结果的对比,以实际地震动平均反应谱为目标谱,构造了持时分别为 15 s、30 s、45 s、60 s 及 120 s 的等效地震激励,所对应的 $t_{Target}$ 分别为 5 s、10 s、15 s、20 s 及 40 s。利用持时不同的等效地震激励对框架结构做非线性动力分析,比较不同持时对结构抗震性能分析结果的影响。

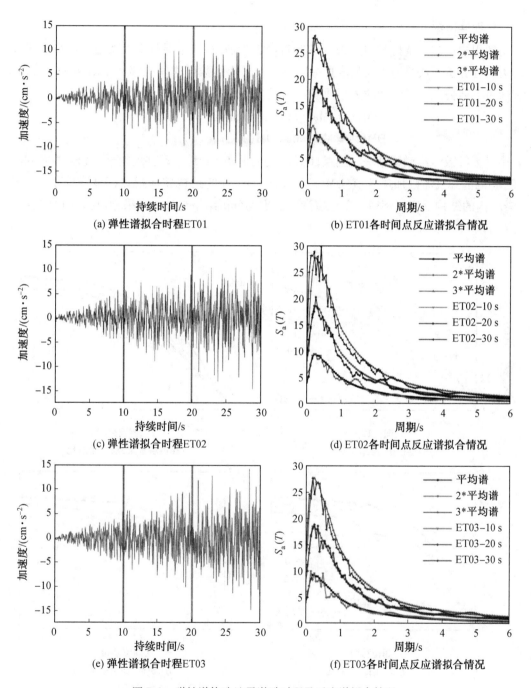

(a) 弹性谱拟合时程 ET01

(b) ET01 各时间点反应谱拟合情况

(c) 弹性谱拟合时程 ET02

(d) ET02 各时间点反应谱拟合情况

(e) 弹性谱拟合时程 ET03

(f) ET03 各时间点反应谱拟合情况

图 7.3　弹性谱构造地震激励时程及反应谱拟合情况

### 7.3.4　分析结果对比

**1. 弹性谱拟合时程结果分析**

使用构造的三条持时均为 30 s 的等效地震激励,对四个混凝土框架结构进行非线性动力时程分析。通过地震动强度指标以及结构损伤指数随时间推移而不断增大的特性,即通过下列公式确定二者的关系曲线:

$$IM(t) = Max(abs(a(\tau), \tau \in [0, t])) \tag{7.3}$$

$$DM(t) = Max(abs(DM(\tau), \tau \in [0, t])) \tag{7.4}$$

式中,$t$ 为等效地震激励某一时间点;$IM(t)$ 为时间点 $t$ 处地震动强度指标;$a(\tau)$ 为时间段 $[0, t]$ 内的地震激励加速度值;$DM(t)$ 为时间点 $t$ 处的结构破坏指数;$DM(\tau)$ 为时间段 $[0, t]$ 内的结构反应。利用三条地震激励的平均分析结果与 IDA 结果相对比,如图 7.4 ~ 7.7 所示。

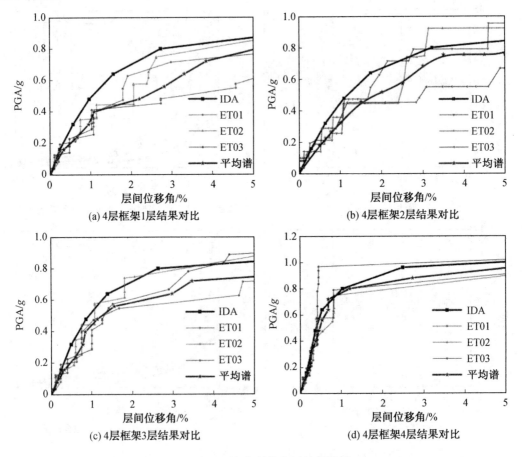

图 7.4　4 层框架结构各层计算结果

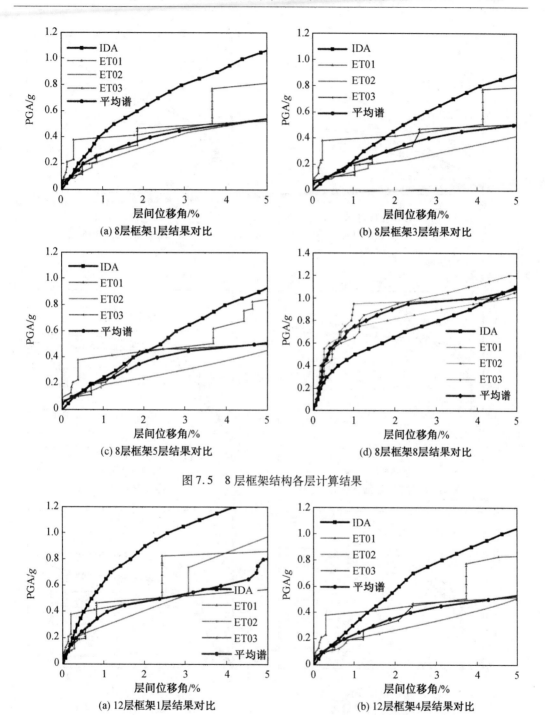

(a) 8层框架1层结果对比

(b) 8层框架3层结果对比

(c) 8层框架5层结果对比

(d) 8层框架8层结果对比

图 7.5　8 层框架结构各层计算结果

(a) 12层框架1层结果对比

(b) 12层框架4层结果对比

图 7.6　12 层框架结构各层计算结果

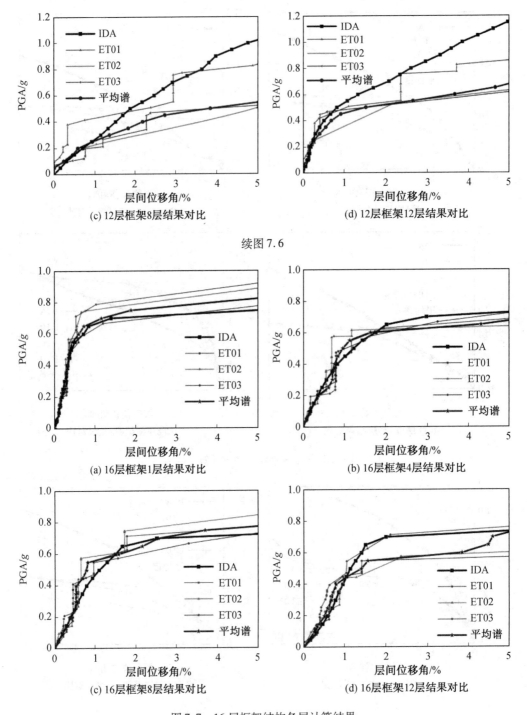

续图 7.6

图 7.7　16 层框架结构各层计算结果

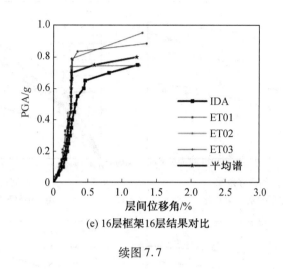

(e) 16层框架16层结果对比

续图 7.7

根据三条持时均为 30 s 的等效地震激励对四个框架结构的平均分析计算结果可以表明,利用等效地震激励分析方法评估结构的抗震性能具有比较好的可行性,其结果一定程度上可以表征结构抗震性能的强弱程度。针对高度不同的结构,利用等效地震激励分析法得出的结果与实际地震动 IDA 计算结果相差比较大,尤其结构进入弹塑性阶段后,其差距更为明显。综合多个结构不同层的等效地震激励分析结果与 IDA 分析结果的对比可知,利用弹性谱拟合等效地震激励分析结构抗震性能,虽然一些结构楼层分析结果比较准确,但总体来说,其分析结果与实际地震动的分析结果相比较存在一定的误差,尤其结构进入非线性阶段后,其误差更为明显。

**2. 不同持时等效地震激励的结果分析**

利用弹性谱拟合等效地震激励的方法,构造了多条不同持时的等效地震激励,其目标反应谱为实际地震动的平均反应谱,并且通过与 IDA 基准分析结果的对比,分析其持时选择与抗震性能评估准确性的关系。依据之前所述拟合方法,构造了持时分别为 15 s、30 s、45 s、60 s 以及 120 s 的等效地震激励各三条,并且将各个持时时程对不同结构的平均分析结果与 IDA 基准进行对比,其对比结果如图 7.8 ~ 7.11 所示。根据对比分析结果可知,不同持时的等效地震激励其分析结果差异比较大,所以按照本节的方法来看,目标时间点的确定方法存在不足,在本章后续章节中将提出关于目标时间点的具体确定方法。

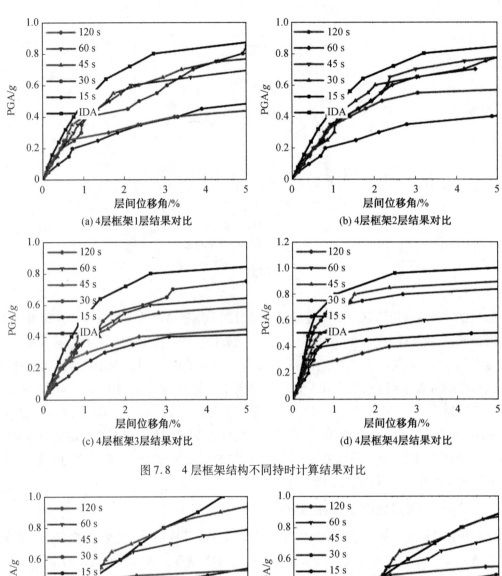

(a) 4层框架1层结果对比　　　　　　(b) 4层框架2层结果对比

(c) 4层框架3层结果对比　　　　　　(d) 4层框架4层结果对比

图 7.8　4 层框架结构不同持时计算结果对比

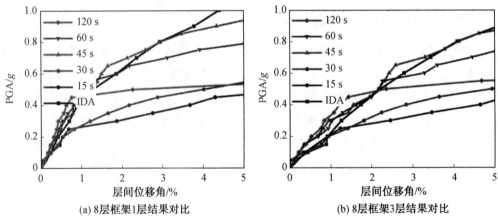

(a) 8层框架1层结果对比　　　　　　(b) 8层框架3层结果对比

图 7.9　8 层框架结构不同持时计算结果对比

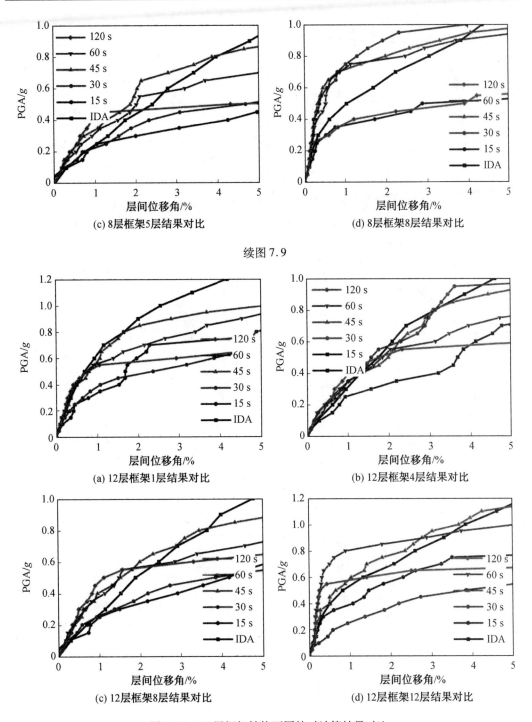

(c) 8层框架5层结果对比　　　　　　(d) 8层框架8层结果对比

续图 7.9

(a) 12层框架1层结果对比　　　　　　(b) 12层框架4层结果对比

(c) 12层框架8层结果对比　　　　　　(d) 12层框架12层结果对比

图 7.10　12 层框架结构不同持时计算结果对比

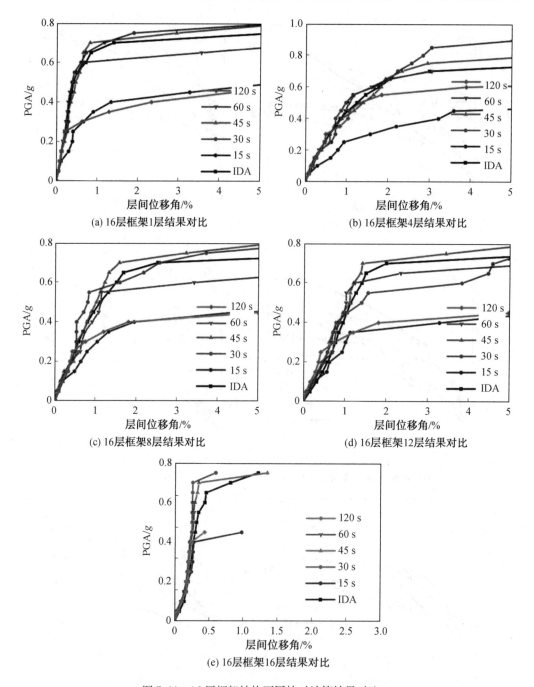

图 7.11　16 层框架结构不同持时计算结果对比

## 7.4　利用非弹性反应谱构造等效地震激励

　　理论上讲,利用基于弹性谱构造的等效地震激励分析结构的抗震性能,其与结构的非弹性反应之间存在不相容性,所以其准确性可能有提高的空间。结构进入弹塑性阶段后,其力变形关系也发生相应的变化,所以考虑结构屈服对变形的影响,提出利用非弹性反应谱作为目标反应谱的方法,可能会提高等效地震激励的精度。

### 7.4.1 目标非弹性谱的确定

非弹性反应谱主要分为两类,等强度谱和等延性谱,选择等强度位移谱作为拟合时程的目标反应谱。定义强度折减系数 $R_y$,其表达式为

$$R_y = \frac{f_0}{f_y} = \frac{u_0}{u_y} \tag{7.5}$$

式中,$f_0$ 为结构在地震中保持线弹性所需的最小强度;$f_y$ 为结构的屈服强度;$u_0$ 为线弹性体系地震引起的变形峰值;$u_y$ 为结构屈服时的变形。力变形关系使用双线性弹塑性模型,如图 7.12 所示。将非弹性反应谱作为等效地震激励拟合的目标反应谱,计算得到的非弹性反应谱为对应不同强度折减系数。

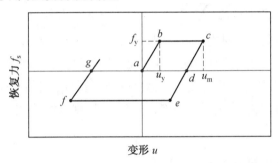

图 7.12 单自由度非弹性结构的力 – 变形关系

如果希望构造的等效地震激励可以分析动力特性不同的结构,那么对于强度折减系数的取值在一定范围内变化,尽量满足结构不同屈服强度的要求,即取 $R_y = 1 \sim 6$。对应的其他参数确定如下所示:

$$f_0 = mS_a(T); \quad u_0 = \frac{T^2 S_a(T)}{4\pi^2}; \quad f_y = \frac{f_0}{R_y}; \quad u_y = \frac{u_0}{R_y} \tag{7.6a \sim d}$$

式中,$S_a(T)$ 为弹性反应谱值;$T$ 为结构自振周期(取值为 $0 \sim 6$ s),双线性滞回模型第二刚度取 0。在给定地震动时,通过对单自由度体系的非线性动力时程分析,可以得到各个结构周期与强度折减系数对应的最大非弹性位移 $u_m$,即得等强度非弹性位移谱。当强度折减系数 $R_y = 1$ 时,所得的非弹性反应谱与弹性位移反应谱是相等的,因此所用的等强度非弹性位移谱包含了弹性谱的意义,可与结构弹性反应阶段相衔接。将 400 条地震动的幅值调幅至 $0.4g$,计算其非弹性反应谱,利用其平均谱作为等效地震激励的目标反应谱,将使用拟合的等效地震激励得到的结构分析结果与地震动的 IDA 分析结果进行对比。

### 7.4.2 等效地震激励构造方法

类似使用弹性反应谱作为目标谱的构造方法,确定使用非弹性谱作为目标谱的构造规则:先确定指定地震动在特定强度作用下(本章取罕遇地震强度水准)的反应谱作为目

标反应谱 $u_{\mathrm{aT}}$ ,再确定与指定地震动强度对应的目标时间点 $t_{\mathrm{Target}}$ ,即在 $0 \sim t_{\mathrm{Target}}$ 时间段内等效地震激励的反应谱与目标反应谱匹配,其他时间点 $t$ 的反应谱的值与目标时间点 $t_{\mathrm{Target}}$ 处所对应的目标反应谱呈线性变化关系,即

$$u_{\mathrm{a}}(T_i, R_{yj}, t) = \frac{t}{t_{\mathrm{Target}}} u_{\mathrm{aT}}(T_i, R_{yj}) \tag{7.7}$$

式中, $u_{\mathrm{a}}$ 为等效地震激励各个时间点处非弹性位移反应谱值; $u_{\mathrm{aT}}$ 为目标反应谱位移值; $R_{yj}$ 为不同的强度折减系数。类似使用弹性谱构造等效地震激励的方法,在每一时间点处满足时程反应谱与目标谱的匹配难以实现,所以本章利用最小二乘最优化的方式确定等效地震激励,即在选定时间点处,对应不同折减系数以及不同自振周期的反应谱值与目标反应谱差值平方和,取其优化迭代后的最小值作为最终的计算结果,其对应的时程便是所需的等效地震激励,即

$$\min F(\ddot{u}_{\mathrm{g}}) = \sum_t^{\max} \sum_{i=1}^{\max} \sum_{j=1}^{\max} \{[u_{\mathrm{a}}(T_i, R_{yj}, t) - u_{\mathrm{aT}}(T_i, R_{yj}, t)]^2\} \tag{7.8}$$

本式保证了等效地震激励全时程任意时间点处的反应谱与目标反应谱之间的差值平方和取最小值,实际计算过程中,所有时间点处的反应谱与目标反应谱的差值和控制在一定误差内,即将每个周期点处的反应谱值与目标反应谱差值的绝对值除以目标反应谱值,在全谱范围内加权平均,其误差值不超过 20% ,若不满足,则继续优化迭代,调整等效地震激励的值。

### 7.4.3　等效地震激励反应谱拟合

相比较弹性反应谱构造等效地震激励,非弹性谱综合考虑了结构屈服后变形影响,采用位移控制方式构造的等效地震激励分析结果与实际地震动的分析结果更为接近。本节利用实际地震动平均非弹性反应谱构造了三条持时均为 30 s 的等效地震激励,并且通过四个框架结构的计算分析,评价其准确性。通过反复迭代优化,最终确定的三条持时均为 30 s 的等效地震激励,其时程图与不同时间点处的反应谱拟合情况如图 7.13 ~ 7.18 所示。

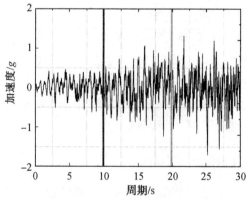

图 7.13　FET01 时程曲线

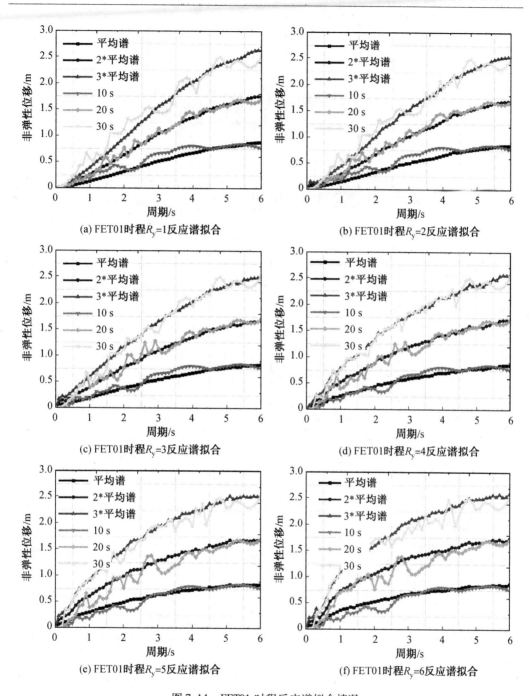

图 7.14　FET01 时程反应谱拟合情况

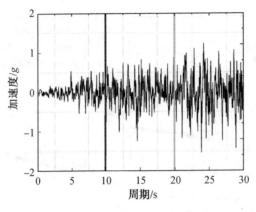

图 7.15　FET02 时程曲线

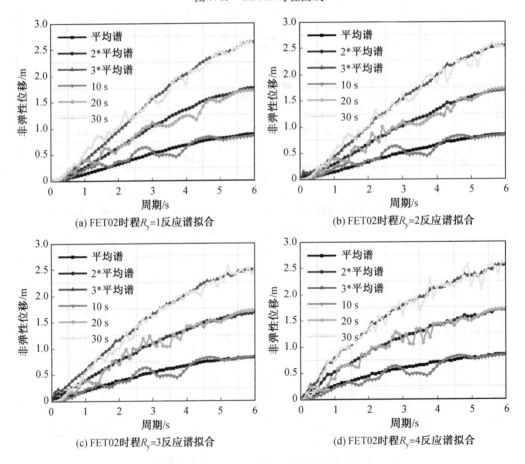

图 7.16　FET02 时程反应谱拟合情况

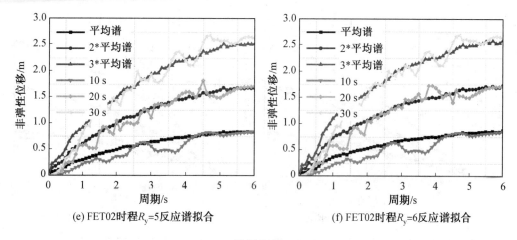

(e) FET02时程$R_y$=5反应谱拟合　　　　　　　(f) FET02时程$R_y$=6反应谱拟合

续图 7.16

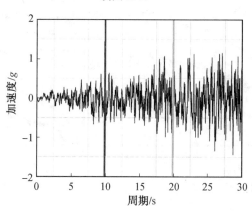

图 7.17　FET03 时程曲线

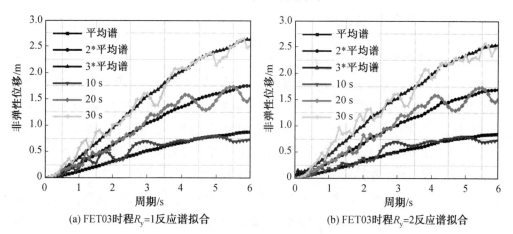

(a) FET03时程$R_y$=1反应谱拟合　　　　　　　(b) FET03时程$R_y$=2反应谱拟合

图 7.18　FET03 时程反应谱拟合情况

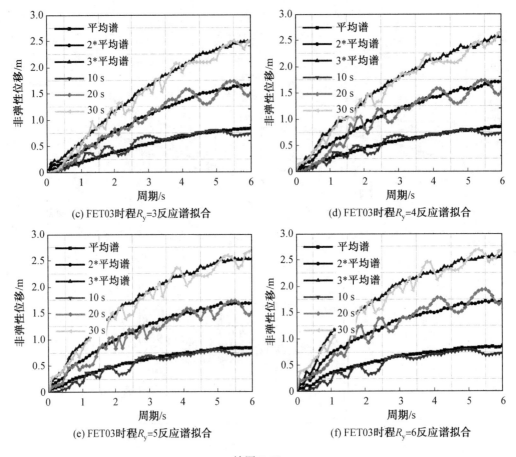

(c) FET03时程$R_y$=3反应谱拟合　　　　　(d) FET03时程$R_y$=4反应谱拟合

(e) FET03时程$R_y$=5反应谱拟合　　　　　(f) FET03时程$R_y$=6反应谱拟合

续图 7.18

## 7.4.4　分析结果对比

### 1. 非弹性谱拟合时程结果分析

利用 7.3 节中通过非弹性反应谱构造的三条时程,对结构进行了非线性动力时程分析,以等效地震激励加速度峰值(PGA)作为地震激励强度的表征物理量,并且将各个结构不同层的层间位移角最大值作为结构损伤程度的评估指标。通过确定时程中各个时间点 $t$ 处 PGA 与层间位移角最大值的对应关系,可作出关于结构损伤指标与地震时程强度指标的关系曲线,例如确定 10 s 处的二者对应关系,则首先确定在 0~10 s 时间段内等效地震激励 PGA。其次,根据结构各层层间位移角在此时程作用下的反应时程,进而确定 0~10 s 反应时程段的层间位移角最大值,由此便确定了 10 s 处结构某层层间位移角最大值与 PGA 的对应关系。通过这样的方式便可确定整个等效地震激励作用过程中,每个结构模型各层的层间位移角最大值与 PGA 的对应关系,即结构损伤指标与地震作用强度指标之间的关系曲线,根据此曲线的发展趋势可以评估各个结构的抗震性能。利用三条持时均为 30 s 的等效地震激励对各个结构分析结果的平均值作为评价标准,便尽可能地消除由于等效地震激励随机性而引起的计算结果不稳定的影响。图 7.19 ~ 7.22 分别为 4 层、8 层、12 层及 16 层框架结构不同楼层的分析结果与 IDA 分析结果的对比,其中包括单条等效地震激励分析结果、三条时程平均结果以及 IDA 分析结果。

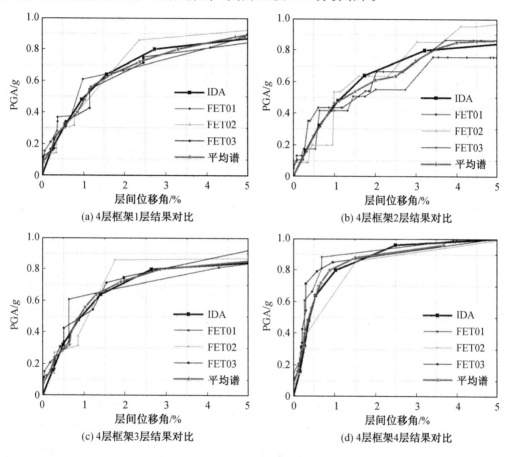

图 7.19　4 层框架结构各层计算结果

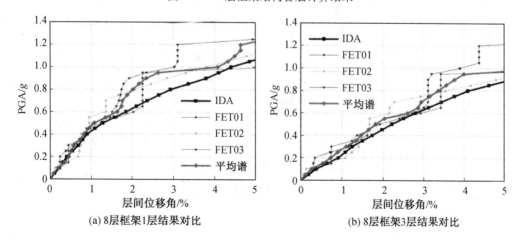

图 7.20　8 层框架结构各层计算结果

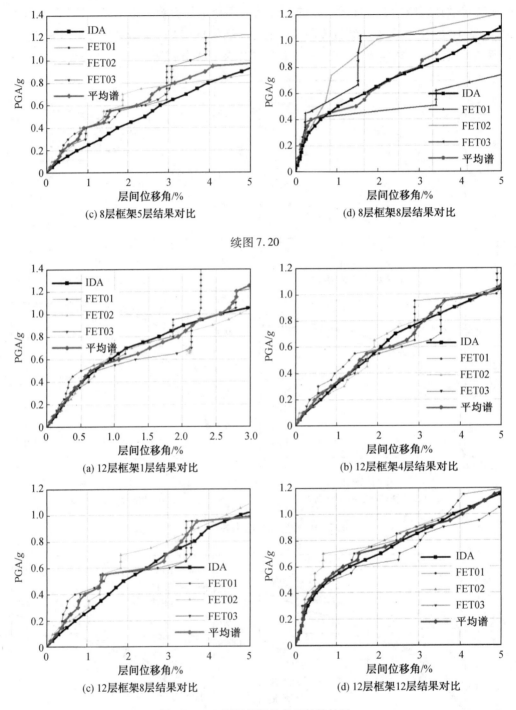

(c) 8层框架5层结果对比　　　　(d) 8层框架8层结果对比

续图 7.20

(a) 12层框架1层结果对比　　　　(b) 12层框架4层结果对比

(c) 12层框架8层结果对比　　　　(d) 12层框架12层结果对比

图 7.21　12 层框架结构各层计算结果

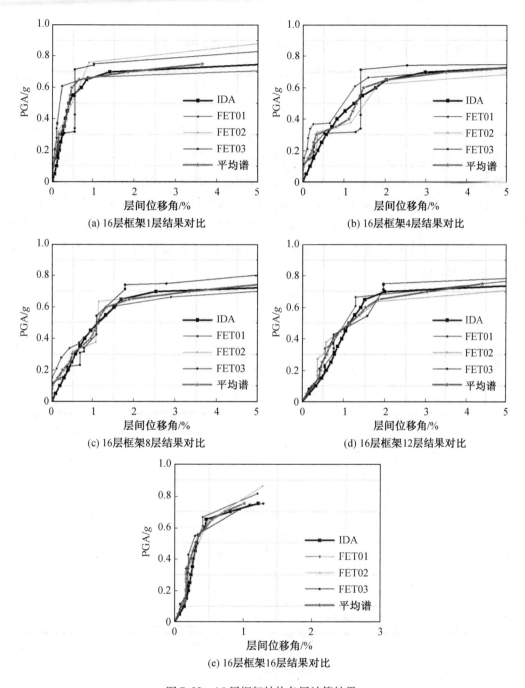

(a) 16层框架1层结果对比

(b) 16层框架4层结果对比

(c) 16层框架8层结果对比

(d) 16层框架12层结果对比

(e) 16层框架16层结果对比

图 7.22　16 层框架结构各层计算结果

　　通过四个混凝土框架结构不同楼层的计算分析结果对比可知,利用非弹性谱拟合时程的计算分析结果与 IDA 分析结果匹配程度较高。单条时程分析结果存在不同程度的波动,而三条结果的平均结果很好地规避了单条时程分析结果不均匀波动的缺陷。通过四个结构共计 17 个楼层的计算结果对比分析可得,利用非弹性谱拟合等效地震激励分析的结果与实际地震动 IDA 分析结果比较接近,所以利用非弹性反应谱构造等效地震激励的方法,其分析结果的准确性较高。

**2. 非弹性谱拟合时程计算结果与弹性谱拟合时程计算结果对比**

引入无量纲的评价参数 Δ,其定义为对于指定 PGA 时,以 IDA 曲线值为基准,其他比较曲线对应值与其的比值,即

$$\Delta_F = \frac{IDA_F}{IDA_0}; \quad \Delta_T = \frac{IDA_T}{IDA_0}; \quad \Delta_0 = 1 \qquad (7.9a \sim c)$$

式中,$\Delta_0$ 为 IDA 曲线值;$\Delta_T$ 为弹性谱拟合时程分析曲线值;$\Delta_F$ 为非弹性谱拟合时程分析曲线值;$\Delta_0$、$\Delta_T$、$\Delta_F$ 分别为基准评价参数、弹性谱拟合时程评价参数、非弹性谱拟合时程评价参数。分别利用实际地震动记录的平均弹性及非弹性反应谱拟合的三条等效地震激励,计算各个评价参数,并通过评价参数与 PGA 之间关系曲线的比较,分析弹性谱与非弹性谱拟合时程的结果与 IDA 分析结果的差异性,作出各自评价参数对比曲线,如图 7.23 ~ 7.26 所示。

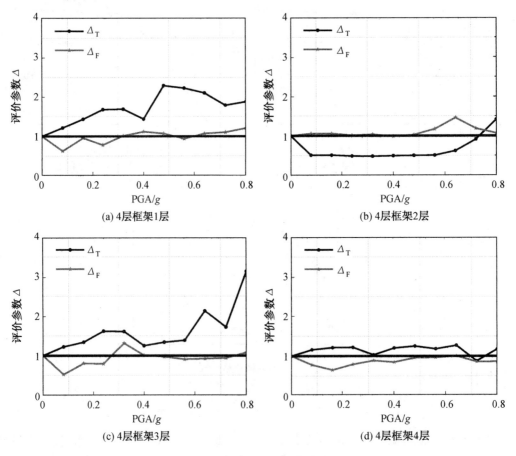

图 7.23　4 层框架结构评价参数 Δ 对比

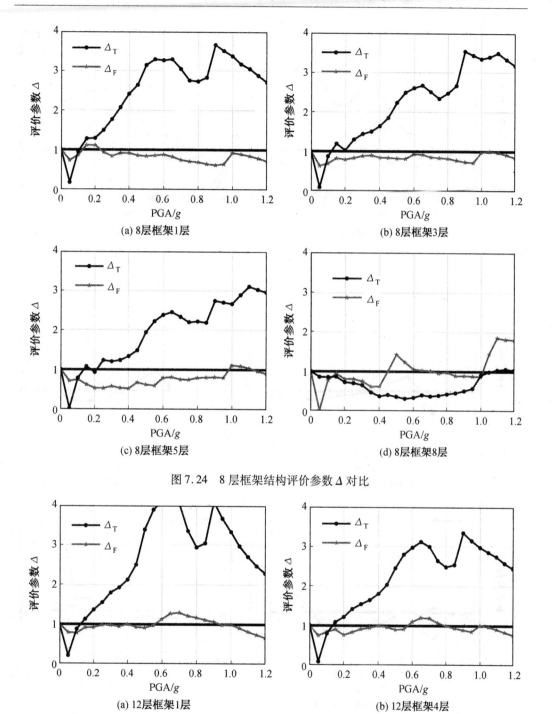

图 7.24　8 层框架结构评价参数 Δ 对比

图 7.25　12 层框架结构评价参数 Δ 对比

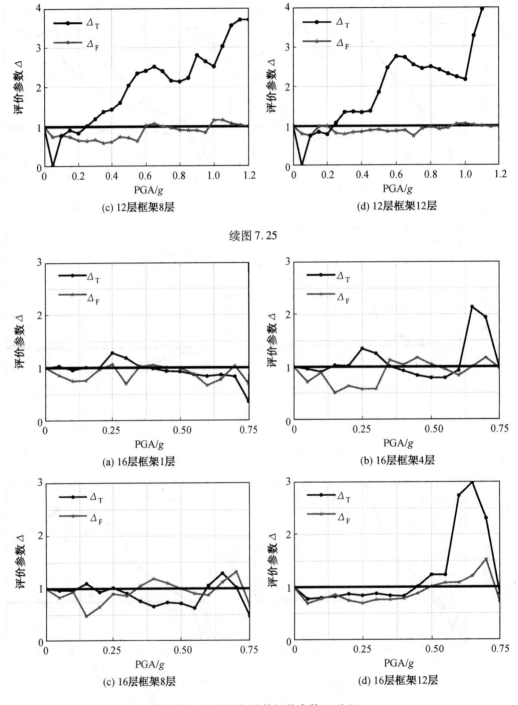

(c) 12层框架8层          (d) 12层框架12层

续图 7.25

(a) 16层框架1层          (b) 16层框架4层

(c) 16层框架8层          (d) 16层框架12层

图 7.26   16 层框架结构评价参数 Δ 对比

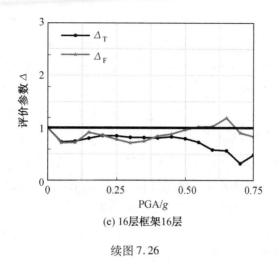

(e) 16层框架16层

续图 7.26

根据以上四个结构不同楼层的评价参数对比分析可知,4 层、8 层、12 层结构的评价参数对比中,非弹性谱拟合时程分析结果相比弹性谱拟合时程分析结果,与 IDA 方法的误差显著较小,利用非弹性谱构造等效地震激励的方法对结构抗震性能有比较好的评估效果。对于 16 层框架结构,其分析结果与弹性谱构造等效地震激励的分析结果提高效果不是很明显,分析其主要原因在于,利用弹性谱构造等效地震激励分析 16 层框架结构的抗震性能与 IDA 结果比较接近,所以利用非弹性谱构造等效地震激励的分析结果相对于弹性谱的结果提高幅度并不是十分明显,但仍然在一些楼层 PGA 较大的阶段有比较好的分析结果。所以总体来说,利用非弹性谱拟合时程对于不同高度结构的抗震性能分析结果与 IDA 结果相比,其准确性以及可靠度有比较大的提高,也充分说明通过考虑结构弹塑性变形影响来构造的等效地震激励,分析结构的抗震性能可行性较高,准确度较好。

## 7.5　等效地震激励持时确定方法的研究

### 7.5.1　利用不同持时的等效地震激励分析结构的抗震性能

根据 7.3 节的计算分析结果可以得知,利用反应谱拟合的三条不同持时的等效地震激励分析结果差距较大,所以如何确定等效地震激励的最优持时,对结构抗震性能分析的准确性有比较大的影响。针对地震持时,一般通过地震动滞回耗能与输入能的大小来描述,本节将引入合理的地震动强度指标来分析等效地震激励的持时规律。利用 Arias 强度作为表征等效地震激励持时的物理量,通过对构造的等效地震激励的分析,总结其中存在规律,提出利用 Arias 强度值确定等效地震激励持时的方法,并且形成统一的理论。依据我国抗震规范的规定,选择一定数量的实际地震动,通过计算其 Arias 强度以及反应谱,利用等效地震激励方法构造相应的等效地震激励,分析之前确定的结构模型抗震性能,与通过规范选择的地震动的分析结果对比评价改进方法。

　　根据本章 7.3 节,通过 5 个不同持时等效地震激励对框架结构抗震性能的分析结果对比可知,每个持时的等效地震激励均利用三条拟合时程的平均结果作为分析样本,基本上可以排除由于等效地震激励随机性引起的结果差异,可以确定持时不同对分析结果影响比较大;通过各个持时等效地震激励分析结果与 IDA 基准的对比,可以比较明显地看出,持时为 15 s 与 120 s 时,等效地震激励的分析结果与 IDA 基准差距较大,长持时与短持时地震激励的计算值与基准值差距较大。从其余三个持时对应的分析结果可以看出,其中 30 s 与 45 s 对应的结果要好于其他持时,尤其以 45 s 持时的分析结果最为接近,对于不同结构,持时 45 s 的等效地震激励分析结果都有比较好的准确性与可靠性。所以通过不同持时等效地震激励分析结果对比可得,利用等效地震激励分析法评估结构抗震性能时,存在最优持时的选择,而且最优持时与结构特性并不一定存在比较明显的对应关系,但立足于地震时程特性的角度,存在比较统一的规律,即持时满足一定要求时,其分析结果明显好于其他持时,所以本节接下来主要根据地震持时的表征物理量指标,提出最优持时选择方法。

### 7.5.2　目标时间点的确定方法

　　根据本章 7.3 节与 7.4 节中关于等效地震激励拟合方法的介绍可以得知,通过确定大震所对应时间点的大小,即等效地震激励目标反应谱对应的目标时间点的大小,便可以确定整个时程强度随持时的变化关系。所以研究不同持时的等效地震激励时,可以通过目标时间点来表征等效地震激励的持时,本节的主要内容为利用强度指标与地震时程持时之间的规律,提出利用强度指标确定持时的方法。由于目标时间点是等效地震激励持时决定性因素,所以主要研究目标时间点与强度指标之间的关系,进而提出确定等效地震激励的方法,即通过目标时间点的确定方法来表示等效地震激励最优持时的确定方法。

#### 1. 目标时间点的确定方法

　　当地震动 PGA 处于同一水准时,持时是影响其强度大小的主要因素,即利用相同反应谱构造的等效地震激励,其 PGA 的大小基本保持一致,所以影响其强度值的最关键因素为持时。选择考虑地震动持时的强度指标作为持时的表征物理量,采用衡量地震动强度的指标为 Arias 强度,其定义为

$$I_A = \frac{\pi}{2g} \int_0^t a(t)^2 \mathrm{d}t \tag{7.10}$$

式中,$I_A$ 是与地震动滞回耗能有关的参数,可以直接根据地震动时程计算得到,采用 Arias 强度作为衡量等效地震激励强度的指标,可以比较直观方便地评估拟合时程的滞回耗能。所以对不同持时等效地震激励的 Arias 强度进行了计算分析,其结果见表7.4。

**表7.4 弹性谱构造各持时等效地震激励的值**

| 等效地震激励持时/s | 15 | 30 | 45 | 60 | 120 |
|---|---|---|---|---|---|
| 全时程 PGA 值/g | 1.52 | 1.45 | 1.46 | 1.45 | 1.45 |
| 全时程 $I_A$ 值/(m·s$^{-1}$) | 27.92 | 37.34 | 48.31 | 56.95 | 76.37 |
| 目标时间点/s | 5 | 10 | 15 | 20 | 40 |
| 目标时间点处 $I_A$ 值/(m·s$^{-1}$) | 2.26 | 3.58 | 4.24 | 5.60 | 6.48 |

根据5个不同持时的等效地震激励的分析可知,通过相同反应谱拟合的时程,不论持时长短,其PGA处于同一水准,差距较小;通过5个持时的全时程 $I_A$ 值随持时的变化规律可知,随着持时的增加,其 $I_A$ 值也不断增加,所以基本可以说明由于5个持时的等效地震激励的PGA处于同一水准,影响等效地震激励强度的主要因素是地震激励的持续时间。最后根据各个持时等效地震激励的目标时间点处的 $I_A$ 值与目标时间点的变化规律可知,类似于全时程的 $I_A$ 值与持时的变化规律,其随着目标时间点的增大而增大,结合等效地震激励的构造方法,利用目标时间点与等效地震激励持时的相关性,可以通过确定目标时间点的方式,确定全时程的持时大小。所以,接下来主要针对目标时间点与强度指标 $I_A$ 的关系来进行介绍,进而提出目标时间点的确定方法。

**2. 目标时间点与 Arias 强度的规律分析**

在地震动幅值保持在一定的水平下,随着等效地震激励持时的增加,其强度值也增加,同样随着目标时间点的增加,其对应的 $I_A$ 值也增加,二者之间保持一定关系而呈正相关的关系。利用目标时间点作为等效地震激励持续时间的控制量,研究 $I_A$ 值与目标时间点之间存在的规律性。根据之前章节中构造等效地震激励的具体步骤,利用所选地震动数据库中的400条实际地震动的平均反应谱构造地震激励,目标时间点对应的反应谱为将地震动强度调至罕遇地震水准的平均反应谱,分析目标时间点与 $I_A$ 值的关系时,所采用拟合时程的目标反应谱是PGA为0.4g的400条实际地震动的平均非弹性反应谱,其中利用非弹性反应谱构造了5个持时分别为15 s、30 s、45 s、60 s以及120 s的等效地震激励,分析非弹性谱构造的不同持时的等效地震激励的 Arias 强度分布情况,见表7.5。

**表7.5 非弹性谱构造各持时等效地震激励的值**

| 等效地震激励持时/s | 15 | 30 | 45 | 60 | 120 |
|---|---|---|---|---|---|
| 全时程 PGA 值/g | 1.61 | 1.45 | 1.64 | 1.37 | 1.45 |
| 全时程 $I_A$ 值/(m·s$^{-1}$) | 25.51 | 41.69 | 51.49 | 62.80 | 86.82 |
| 目标时间点/s | 5 | 10 | 15 | 20 | 40 |
| 目标时间点处 $I_A$ 值/(m·s$^{-1}$) | 1.98 | 3.41 | 4.29 | 6.44 | 7.54 |

分别构造目标时间点从1 s到40 s均匀变化的40个等效地震激励,分析计算各个时程在目标时间点处的 Arias 强度值,即得等效地震激励强度指标值随目标时间点的变化

规律如图 7.27 所示。利用相同的目标反应谱,对应不同目标时间点 $t_{Target}$ 拟合的等效地震激励,通过计算各个时程在 $0 \sim t_{Target}$ 时间段内的 Arias 强度值,可以作出强度指标 $I_A$ 随目标时间点变化的分布规律曲线,与之前 5 个持时等效地震激励的 $I_A$ 分布规律保持一致,即随着等效地震激励持时的增加,其 $I_A$ 值也依着一定的规律不断增加。所以通过不同目标时间点与 $I_A$ 值的分布规律,可拟合出关于二者之间的规律性表达式,进而通过已知强度指标确定对应的目标时间点的值。

**3. 等效地震激励目标时间点的确定公式**

分析了 400 条实际地震动的能量值 $I_A$,其分布规律如图 7.28 所示。根据图 7.28 中实际地震动的 Arias 强度值的分布情况可以得知,通过 PGA 调幅至 $0.4g$ 后的实际地震动,其能量指标基本稳定在一定区间范围内,通过统计分析,在计算分析的 400 条地震动中,有 366 条实际地震动的 Arias 强度值介于 $[0.5, 6]$ 的区间范围内,根据图 7.27 的等效地震激励目标时间点与 Arias 强度值之间的分布规律图,可以将等效地震激励的能量值范围控制在 $[0.5, 6]$ 区间内,对应的目标时间点的大小取 $0 \sim 30$ s 的范围,所以接下来拟合二者的数值表达式时便以此为边界条件。

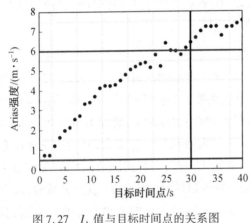

图 7.27 $I_A$ 值与目标时间点的关系图

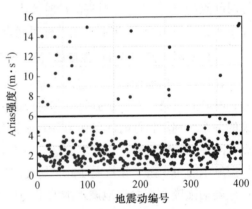

图 7.28 实际地震动能量值 $I_A$ 分布图

通过 400 条实际地震动的能量分析,可以计算得到其平均 Arias 强度值为 4.22 cm/s,根据表 7.4 中 5 个持时等效地震激励的目标时间点处 Arias 强度值分布可知,与实际地震动平均强度指标最为接近的是持时为 45 s 的等效地震激励。根据图 7.8 ~ 7.11 中关于不同持时的等效地震激励关于不同结构的分析曲线图对比可知,与 IDA 基准结果最为接近的便是持时为 45 s 的等效地震激励的分析结果。所以通过 Arias 强度值对比分析可得,当等效地震激励目标时间点处强度指标与目标反应谱对应地震动的强度指标接近时,其分析结果准确性较高。利用此研究结论提出等效地震激励目标时间点的确定原则,即通过计算目标反应谱对应指定地震动的 Arias 强度值,通过 Arias 强度值与目标时间点的对应关系可以确定拟合时程的目标时间点的值,从而通过各个时间点处反应谱匹配原则构造等效地震激励。

依据等效地震激励目标时间点的确定原则,需要提出关于等效地震激励目标时间点与 Arias 强度值之间的数值表达式,进而可以利用成型的公式作为目标时间点的确定依据。通过图 7.27 中 Arias 强度值随着目标时间点的分布规律拟合出

$$t_{\text{Target}} = A\left(e^{\frac{I_A}{b}} - 1\right) \tag{7.11}$$

式中,e 为欧拉数,取值为 2.718 28;A 取值为 11.5;b 取值为 5;$t_{\text{Target}}$ 为对应等效地震激励的目标时间点的值;$I_A$ 为目标反应谱对应指定地震动的 Arias 强度值,单位为 m/s,其中拟合公式对应曲线与上面等效地震激励目标时间点与 Arias 强度值之间的规律分布对比如图 7.29 所示。

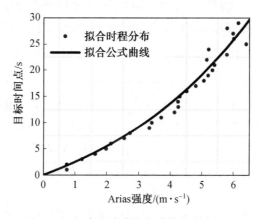

图 7.29 拟合公式曲线与计算点分布对比

考虑目标反应谱强度对等效地震激励的影响,对选用的指定地震动进行了调幅,其幅值均为规范 8 度设防规定的时程分析加速度峰值 $0.4g$,依据弹性反应谱构造的不同持时等效地震激励的 Arias 强度值,与非弹性谱构造的等效地震激励的 Arias 强度值比较接近,其分布规律基本保持一致,且弹性反应谱与地震动 PGA 基本呈线性变化规律。根据 Arias 强度的计算表达式(7.10)可知,Arias 强度与地震动加速度平方之间存在相关性,所以通过近似认为反应谱与 PGA 之间呈线性相关,且式(7.11)所对应的地震动加速度峰值为 $0.4g$,则可得考虑指定地震动 PGA 的目标时间点确定方法为

$$t_{\text{Target}} = A\left(e^{\frac{I_A \cdot A_m^2}{0.16b}} - 1\right) \tag{7.12}$$

式中,$A_m$ 为目标反应谱对应的指定地震动加速度峰值,对应单位为 $g$。对于曲线的形状,通过分析非 $0.4g$ 时的情况,结论为基本不变。

综上所述,等效地震激励的目标时间点的确定方法:首先,确定等效地震激励计算拟合的目标反应谱,即确定目标反应谱对应的指定地震动;其次,依据式(7.10)计算指定地震动的 Arias 强度值 $I_A$;最后,通过已知的能量指标,利用式(7.12)可以计算目标时间点 $t_{\text{Target}}$。根据等效地震激励的拟合方法可知,利用确定目标时间点的值可以确定整个等效地震激励的总持时,由此可以完整地构造整条等效地震激励。

### 7.5.3　规范匹配地震动计算分析

经过不同持时等效地震激励的计算分析,发现持时不同结构的分析结果差距也较大,当引入强度指标衡量不同持时等效地震激励时,其中存在着比较明显的变化规律,7.4 节内容即为通过强度指标与等效地震激励的目标时间点之间存在的变化规律,提出了利用能量指标确定等效地震激励持时大小的方法,即通过与目标反应谱相对应指定地震动的能量值,可以通过目标时间点计算公式(7.12),计算得出相应的目标时间点的值,进而利用目标谱拟合方法构造相应的等效地震激励。本节的主要研究内容是,通过我国规范规定的地震动记录选择方法选择一组地震动记录,将其平均非弹性反应谱作为目标反应谱,通过本章中介绍的等效地震激励的构造方法构造相应的时程,分析结构的抗震性能,并且与选择的实际地震动记录的 IDA 分析结果对比说明等效地震激励分析法的可靠性。

**1. 地震动选择**

选择 7.2 节中 4 个框架结构作为本节计算分析的结构,依据前面确定的结构概况,利用我国抗震规范中 8 度设防的罕遇地震设计谱作为实际地震动记录选择的目标谱,将前面建立的地震动数据库中的 400 条实际地震动经过 PGA 调幅至 $0.4g$,即规范规定 8 度大震结构非线性动力时程分析的加速度峰值,计算所用地震动的加速度反应谱。而相应 4 层、8 层、12 层及 16 层框架结构的基本周期分别为 0.9 s、1.7 s、2.0 s、2.6 s,根据规范中规定的地震动记录选择方法,选择地震动的反应谱值在拟分析结构的基本周期点处,与目标设计谱值相差不超过 20%,通过 400 条实际地震动记录的调幅计算,选出 20 条同时满足在周期点 0.9 s、1.7 s、2.0 s、2.6 s 处反应谱值与设计谱相差不超过 20% 的实际地震动记录。

**2. 等效地震激励拟合与计算结果对比分析**

利用 20 条地震动对 4 层、8 层、12 层及 16 层框架结构进行 IDA 分析,并以此作为基准评价等效地震激励的分析结果。根据 20 条指定地震动构造等效地震激励。利用选择的实际地震动记录构造等效地震激励,第一步确定目标反应谱,本节将 20 条实际地震动平均非弹性反应谱作为构造等效地震激励的目标反应谱。接着通过式(7.10)计算 20 条实际地震动的平均 Arias 强度值,求得其平均 $I_A$ 值为 2.63 m/s,并且利用目标时间点确定公式(7.12),可以求得目标时间点为 8 s(计算值为 7.96 s),所以依据确定的目标反应谱以及目标时间点,利用非弹性谱拟合等效地震激励的方法分别构造三条持时为 24 s 的等效地震激励,对四个框架结构进行非线性动力时程分析,利用三条时程的平均分析结果与计算所得的 IDA 基准进行对比分析,结果如图 7.30 ~ 7.33 所示。

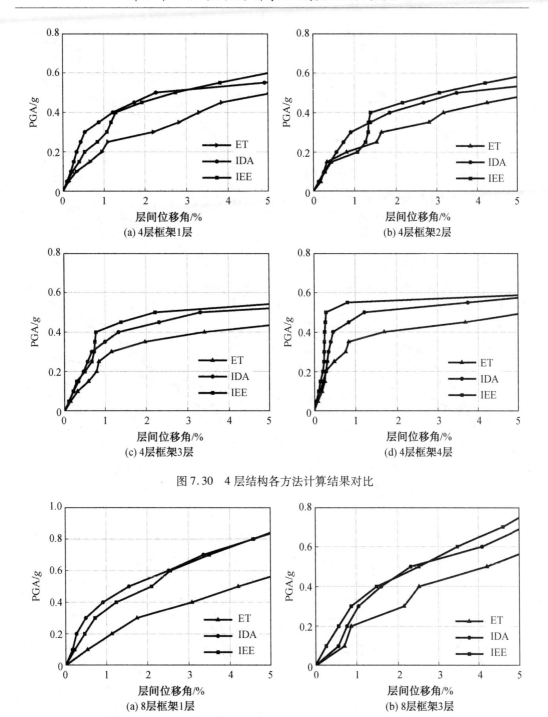

图 7.30　4 层结构各方法计算结果对比

图 7.31　8 层结构各方法计算结果对比

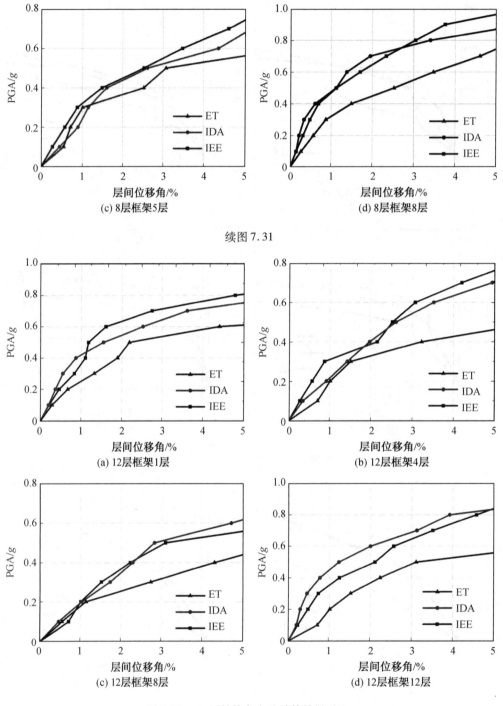

图 7.32　12 层结构各方法计算结果对比

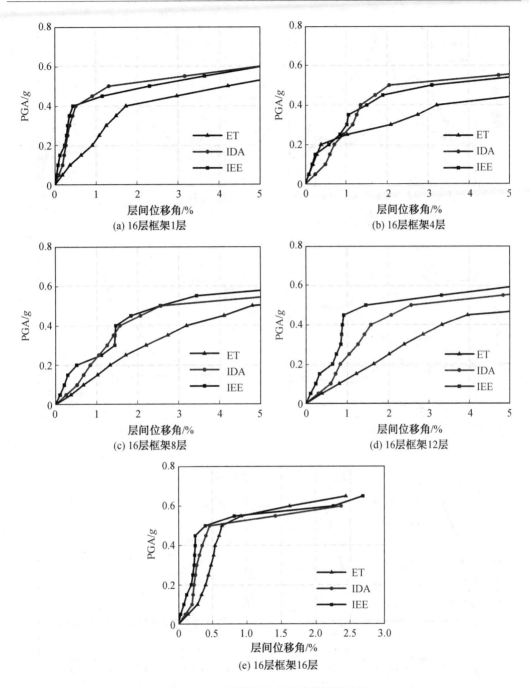

图 7.33　16 层结构各方法计算结果对比

　　与之前分析方法相似,参考式(7.9)计算各曲线对应的评价参数的大小,通过评价参数曲线的分布规律分析计算结果的优劣,结果如图 7.34 ~ 7.37 所示。

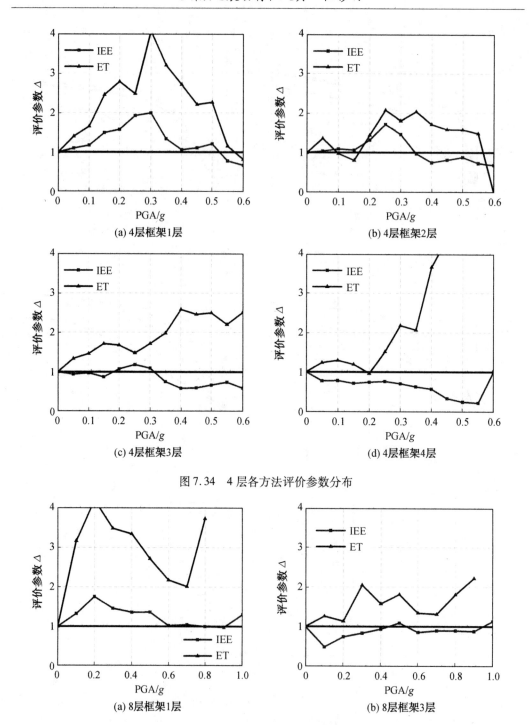

(a) 4层框架1层　　　　　　　　　　(b) 4层框架2层

(c) 4层框架3层　　　　　　　　　　(d) 4层框架4层

图 7.34　4 层各方法评价参数分布

(a) 8层框架1层　　　　　　　　　　(b) 8层框架3层

图 7.35　8 层各方法评价参数分布

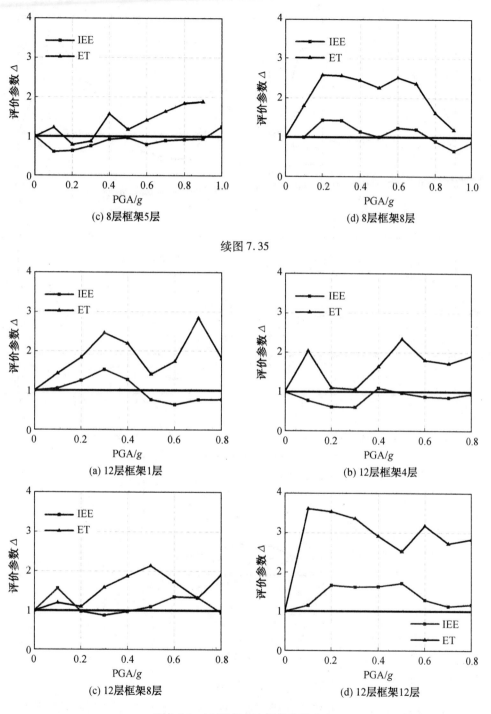

(c) 8层框架5层　　　　　　　　(d) 8层框架8层

续图 7.35

(a) 12层框架1层　　　　　　　　(b) 12层框架4层

(c) 12层框架8层　　　　　　　　(d) 12层框架12层

图 7.36　12 层各方法评价参数分布

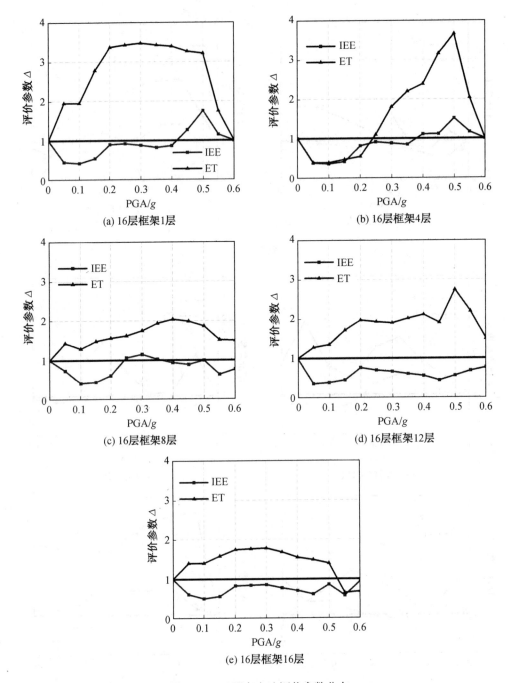

图 7.37　16 层各方法评价参数分布

根据四个结构的平均分析结果与 IDA 基准曲线的对比可知,利用等效地震激励计算分析的四个结构各层对应的反应指数与地震强度参数之间的关系曲线,与通过 IDA 分析作为基准的曲线吻合程度较高,充分说明利用强度指标与等效地震激励目标时间点之间的关系确定拟合公式,很好地弥补了原来等效地震激励分析法关于持时确定方法存在的缺陷,并且通过此方法确定等效地震激励的持时可以使得拟合时程更加切合指定地震动的实际情况,提高了利用等效地震激励分析法评估结构抗震性能的准确性与可靠性。

# 7.6　特定强度地震作用下结构反应的对比分析

## 7.6.1　实际地震动选择与调幅方法

利用实际地震动通过非线性动力时程分析计算结构的反应,是现阶段实际工程结构设计与分析的重要步骤,即通过不同的地震动选择调幅方法处理所需地震动,进而使得计算结果满足结构抗震需求。按照现阶段我国抗震规范结构抗震设计方法中两阶段设计理论,需进行罕遇地震作用下的弹塑性验算,所以本节的研究内容便立足于大震水准,即利用不同的选择调幅方法将实际地震动的强度调至与大震相对应,同时选择等效地震激励与大震强度水准相适应的时间点作为目标分析时间点,利用目标分析时间点处的结构反应与经过处理后实际地震动的结构反应进行对比分析。本节介绍了现阶段几种使用较为广泛的实际地震动选择调幅方法,主要内容是利用这些选择调幅方法对地震动进行选择与调幅,然后进行对比,这些方法包括基于美国规范的地震动记录选择和调幅方法(ASCE/SEI 7-10,简称 ASCE)、基于中国规范的地震动记录选择和调幅方法(中国抗震规范 GB 50011—2010)、基于双频控制的地震动记录选择和调幅方法(杨溥等,2000,简称双频段)、基于一致危险性谱的地震动记录选择和调幅方法(过程与 ASCE/SEI 7-10 相同,目标谱使用一致危险性谱,简称 UHS)、基于条件均值谱的地震动记录选择和调幅方法(Baker 和 Cornell,2006;Baker,2011,简称 CMS)、基于模态 Pushover 的地震动记录选择和调幅方法(Kalkan 和 Chopra,2010;Kalkan 和 Chopra,2011,简称 MPS)。

## 7.6.2　罕遇地震强度作用下结构反应分析

依据我国抗震规范中关于实际结构工程设计时采用的两阶段抗震设计方法可知,需要对结构在罕遇地震作用下进行弹塑性分析,所以对结构进行非线性动力时程分析一般针对地震激励强度为罕遇地震水准。所以通过上文中关于实际地震动记录的选择调幅方法均将选择的地震动强度调至罕遇地震对应强度对结构进行结构反应的计算。类似地,利用等效地震激励计算结构反应,其相应时间点也与罕遇地震水准作用下的目标反应谱相对应,即利用目标时间点处的结构反应作为分析对象。

### 1. 实际地震动作用下的结构反应

利用 400 条实际地震动作用下的结构反应作为预测结构"真实"反应的基准,根据抗震规范中关于地震时程分析计算加速度峰值的规定可知,对应 8 度罕遇地震其加速度峰值为 $0.4g$,所以将 400 条实际地震动记录调幅至 PGA 为 $0.4g$ 进行框架结构的结构反应分析,选取 4 层与 16 层框架结构进行计算分析,求得两个结构在 400 条实际地震动记录调幅后的平均地震反应如图 7.38 所示。

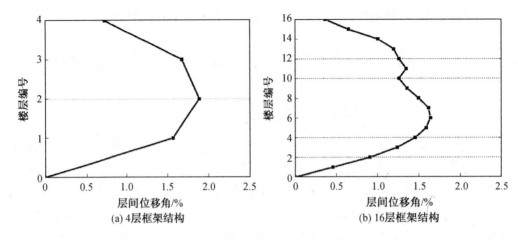

图 7.38　评价基准层间位移角分布图

　　利用本节介绍的 6 种实际地震动选择与调幅方法对 400 条地震动记录进行了处理,选择了满足各个方法相应要求的实际地震动记录,并且通过不同调幅方法将地震动记录进行了调幅。针对所选的 4 层与 16 层框架结构作为分析模型,进行了非线性动力时程分析,计算了各个方法对应的结构反应,本节选择谢丰蔚硕士论文中利用各个方法选择的七条实际地震动计算的结构平均反应作为对比对象,其不同地震动选择调幅方法的计算结果如图 7.39 所示。

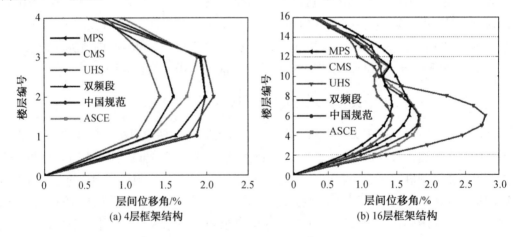

图 7.39　层间位移角最大值的均值分布图

## 2. 等效地震激励作用下的结构反应

　　基于已提出的非弹性谱拟合等效地震激励的方法以及持时确定的方法,本节利用此方法拟合以 400 条实际地震动记录为指定地震动的等效地震激励。利用确定的 400 条实际地震动记录的非弹性反应谱作为构造等效地震激励的平均反应谱。利用确定的目标时间点计算公式计算目标时间点的大小,计算 400 条实际地震动记录的平均能量指标 $I_A =$ 4.22 m/s,进而可以计算得到目标时间点为 15 s(计算值为 15.26 s),即确定等效地震激励的总持时为 45 s。最后,利用非弹性反应谱构造等效地震激励的具体办法,构造了三条持时为 45 s 的等效地震激励,并且计算其罕遇地震水准作用下的结构反应,即目标时间点处的结构反应,如图 7.40 所示。

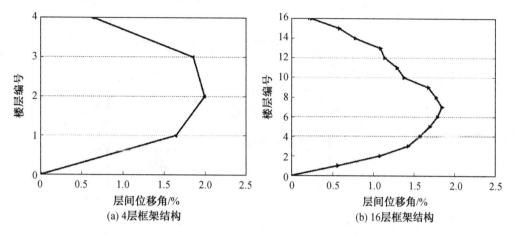

(a) 4层框架结构　　　　　　　　　(b) 16层框架结构

图 7.40　等效地震激励作用下的结构反应

### 3. 结果对比分析

经过之前章节的分析计算,结构反应计算结果主要分为三个部分:基准、实际地震动选择调幅方法以及等效地震激励分析。本节首先比较了等效地震激励分析法作用下结构平均反应与基准结构反应,如图 7.41 所示,可以发现等效地震激励分析相比于 400 条实际地震动反应的平均值,其结果偏大,但随楼层的分布形式基本与基准反应吻合,即可得出结论:等效地震激励分析在罕遇地震强度作用时,其结构反应具有一定的可靠性。

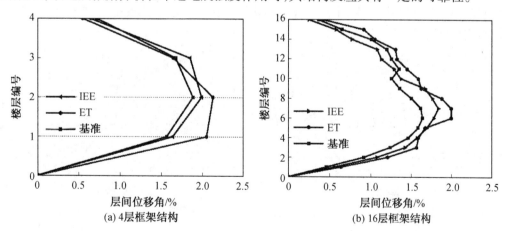

(a) 4层框架结构　　　　　　　　　(b) 16层框架结构

图 7.41　等效地震激励作用下结构平均反应与基准对比

使用无量纲评价参数 $\Delta$ 表示结构反应与基准之间的偏差,评价参数计算方法为

$$\Delta = \frac{\varphi_i^F}{\varphi_i^0} \tag{7.13}$$

式中,$i$ 表示楼层编号;F 表示各种结构反应的计算方法;$\varphi_i^0$ 表示基准结构反应的各楼层层

间位移角值;$\varphi_i^F$ 表示不同方法计算的层间位移角值。依据无量纲评价参数可以清晰地反映各种方法计算的结构反应与基准结构反应之间的差距,4 层与 16 层结构的各方法评价参数对比如图 7.42 所示。

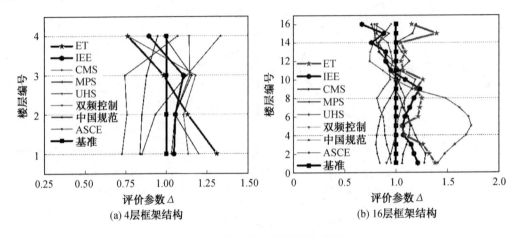

图 7.42　评价参数 Δ 随楼层分布图

当前的抗震设计规范中有关非线性动力时程分析结果的处理上,常用方法是两种:采用七条或者七条以上的地震动记录进行非线性动力时程分析时,分析结果选用平均值;采用三条地震动记录进行非线性动力时程分析时,分析结果选用包络值。因此,又继续进行了三条地震动记录下的结果对比分析。本部分有关三条地震动记录作用下结构反应的对比分析基本流程与七条地震动记录的分析流程一致。即以地震动数据库记录作用下结构反应的均值为评价基准,分析了三条地震动记录作用下包络值的准确性和有效性,如图 7.43 ~ 7.45 所示。

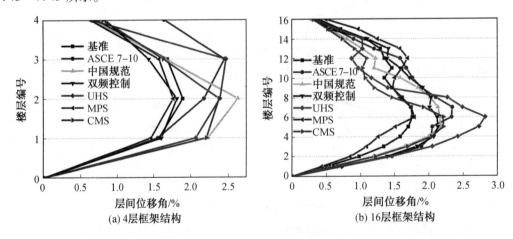

图 7.43　层间位移角最大值的包络值分布图

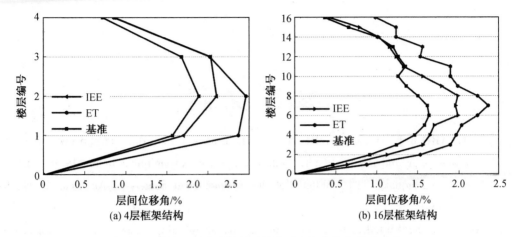

图 7.44 等效地震激励作用下结构反应包络值与基准对比

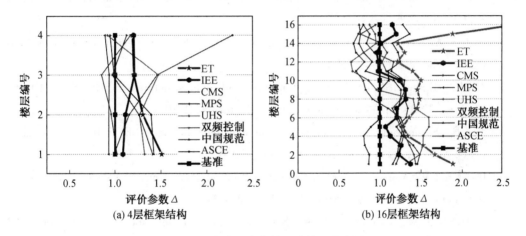

图 7.45 包络值评价参数 Δ 随楼层分布图

根据结构反应平均值的三种评价指标对比分析可知,通过改进方法构造的等效地震激励计算得出的结构反应与基准结构反应相比,误差较小,而原弹性谱构造的等效地震激励计算得出的结构反应与基准结构反应差距偏大。根据规范规定的三条地震动结构反应取包络值,利用三条时程包络值的各个指标与实际地震动平均反应进行对比分析,非弹性谱构造的等效地震激励分析结果均好于原弹性谱构造地震激励分析结果。与其他六种地震动记录选择调幅方法计算得出的结构反应相比,改进非弹性谱构造等效地震激励的分析结果可接受,原弹性谱构造等效地震激励分析结果存在一定偏差。用来预测结构在实际地震中的反应,这些方法的分析结果都具有一定的可行性,尤其利用改进非弹性反应谱等效地震激励分析法,可以比较可靠地评估结构的抗震性能。

# 参 考 文 献

[1] AAGAARD B T, HALL J F, HEATON T H. Effects of fault dip and slip rake angles on near-source ground motions: Why rupture directivity was minimal in the 1999 Chi-Chi, Taiwan, earthquake [J]. Bulletin of the Seismological Society of America, 2004, 94 (1): 155-170.

[2] ALAVI B, KRAWINKLER H. Behavior of moment-resisting frame structures subjected to near-fault ground motions[J]. Earthquake Engineering and Structural Dynamics, 2004, 33(6): 687-706.

[3] ARIAS A A. Measure of earthquake intensity[C]. Seismic Design for Nuclear Power Plants. The MIT Press, 1970.

[4] ASCE. Minimum design loads for buildings and other structures: ASCE/SEI 7-10[S]. Virginia, USA: American Society of Civil Engineers, 2010.

[5] ASCE. Seismic evaluation and retrofit of existing buildings: SEI 7-16[S]. Virginia, USA: American Society of Civil Engineers, 2016.

[6] BAKER J W. Conditional mean spectrum: Tool for ground-motion selection[J]. Journal of Structural Engineering, 2011, 137(3): 322-331.

[7] BAKER J W, CORNELL C A. Spectral shape, epsilon and record selection[J]. Earthquake Engineering and Structural Dynamics, 2006, 35(9): 1077-1095.

[8] BOUCHON M, BOUIN M P, KARABULUT H, et al. How fast is rupture during an earthquake? New insights from the 1999 Turkey earthquakes[J]. Geophysical Research Letters, 2001, 28(14): 2723-2726.

[9] BOUCHON M, TOKSOZ N, KARABULUT H, et al. Seismic imaging of the 1999 Izmit (Turkey) rupture inferred from the near-fault recordings[J]. Geophysical Research Letters, 2000, 27(18): 3013-3016.

[10] BOUCHON M, VALLEE M. Observation of long supershear rupture during the magnitude 8.1 Kunlunshan earthquake[J]. Science, 2003, 301(5634): 824-826.

[11] BRAY J D, RODRIGUEZ-MAREK A. Characterization of forward-directivity ground motions in the near-fault region[J]. Soil Dynamics and Earthquake Engineering, 2004, 24(11): 815-828.

[12] CHAMPION C, LIEL A. The effect of near-fault directivity on building seismic collapse risk [J]. Earthquake Engineering and Structural Dynamics, 2012, 41 (10):

1391-1409.

[13] CHANG Z W, SUN X D, ZHAI C H, et al. An empirical approach of accounting for the amplification effects induced by near-fault directivity [J]. Bulletin of Earthquake Engineering, 2018, 16(5): 1871-1885.

[14] DUNHAM E M, FAVREAU P, CARLSON J M. A supershear transition mechanism for cracks [J]. Science, 2003, 299(5612): 1557-1559.

[15] ELLSWORTH W L, CELEBI M, EVANS J R, et al. Near-field ground motion of the 2002 Denali fault, Alaska, earthquake recorded at Pump Station 10 [J]. Earthquake Spectra, 2004, 20(3): 597-615.

[16] ESTEKANCHI H E, ARJOMANDI K, VAFAI A. Estimating structural damage of steel moment frames by endurance time method [J]. Journal of Constructional Steel Research, 2008, 64(2): 145-155.

[17] FAJFAR P, VIDIC T, FISCHINGER M. A measure of earthquake motion capacity to damage medium-period structures [J]. Soil Dynamics and Earthquake Engineering, 1990, 9(5): 236-242.

[18] HOUSNER G W. Measures of severity of earthquake ground shaking[C]. Proceeding U. S. Conference Earthquake Engineering, Ann Arbor, Michigan, 1975.

[19] HOUSNER G W. Spectrum intensities of strong motion earthquakes[C]. Proceeding of 1952 Symposium on Earthquake and Blast Effects on Structures, Earthquake Engineering Research Institute, 1952.

[20] ICBO. Uniform building code: UBC97[S]. Whittier, CA, USA: International Council of Building Officials, 1997.

[21] IERVOLINO I, GIORGIO M, GALASSO C, et al. Prediction relationships for a vector-valued ground motion intensity measure accounting for cumulative damage potential[C]. 14th World Conference on Earthquake Engineering, Beijing, China, 2008: 12-17.

[22] KANAMORI H, BOSCHI E. Earthquakes: Observation, theory and interpretation[M]. North Holland: Elsevier Science Ltd. , 1984.

[23] KALKAN E, CHOPRA A K. Modal-pushover based ground-motion scaling procedure [J]. Journal of Structural Engineering, 2011, 138(3): 289-310.

[24] KALKAN E, CHOPRA A K. Practical guidelines to select and scale earthquake records for nonlinear response history analysis of structures[R]. Menlo Park: U. S. Geological Survey Open-File Report 2010-1068, 2010.

[25] KRAMER S L, STEVEN L. Geotechnical earthquake engineering [M]. California: Prentice Hall, 2001.

[26] LI C, KUNNATH S, ZHAI C. Influence of early-arriving pulse-like ground motions on ductility demands of single-degree-of-freedom systems [J]. Journal of Earthquake

Engineering, 2018, 24: 1-24.

[27] LI S, HE Y, WEI Y. Truncation method of ground motion records based on the equivalence of structural maximum displacement responses[J]. Journal of Earthquake Engineering, 2022, 26(10): 5268-5289.

[28] MALHOTRA P K. Response of buildings to near-field pulse-like ground motions[J]. Earthquake Engineering & Structural Dynamics, 1999, 28(11): 1309-1326.

[29] NAU J M, HALL W J. Scaling methods for earthquake response spectra[J]. Journal of Structural Engineering, 1984, 110(7): 1533-1548.

[30] NI S H, LI S, CHANG Z W, et al. An alternative construction of normalized seismic design spectra for near-fault regions [J]. Earthquake Engineering and Engineering Vibration, 2013, 12(3): 351-362.

[31] PARK Y J, ANG A H S, WEN Y K. Seismic damage analysis of reinforced concrete buildings [J]. Journal of Structural Engineering, 1985, 111(4): 740-757.

[32] RIDDELL R, GARCIA J E. Hysteretic energy spectrum and damage control [J]. Earthquake Engineering & Structural Dynamics, 2001, 30(12): 1791-1816.

[33] SARAGONI G R. Response spectra and earthquake destructiveness[C]. Proceedings 4th US National Conference on Earthquake Engineering, Palm Springs, USA, 1990: 35-43.

[34] SOMERVILLE P G, SMITH N F, GRAVES R W, et al. Modification of empirical strong ground motion attenuation relations to include the amplitude and duration effects of rupture directivity[J]. Seismological Research Letters, 1997, 68(1): 199-222.

[35] UANG C M, BERTERO V V. Evaluation of seismic energy in structures [J]. Earthquake Engineering and Structural Dynamics, 1990, 19(1): 77-90.

[36] VALAMANESH V, ESTEKANCHI H E, VAFAI A. Characteristics of second generation endurance time acceleration functions[J]. Scientia Iranica, 2010, 17(1): 53-61.

[37] VIDIC T, FAJFAR P, FISCHINGER M. Consistent inelastic design spectra: Strength and displacement [J]. Earthquake Engineering and Structural Dynamics, 1994, 23: 507-521.

[38] XIA K, ROSAKIS A J, KANAMORI H. Laboratory earthquakes: The sub-rayleigh-to-supershear rupture transition[J]. Science, 2004, 303(5665): 1859-1861.

[39] XIA K, ROSAKIS A J, KANAMORI H, et al. Laboratory earthquakes along inhomogeneous faults: Directionality and supershear[J]. Science, 2005, 308(5722): 681-684.

[40] XU L, RODRIGUEZ-MAREK A, XIE L. Design spectra including effect of rupture directivity in near-fault region[J]. Earthquake Engineering and Engineering Vibration, 2006, 5(2): 159-170.

[41] YANG D, PAN J, LI G. Non-structure-specific intensity measure parameters and

characteristic period of near-fault ground motions［J］. Earthquake Engineering & Structural Dynamics, 2009, 38(11)：1257-1280.

［42］YANG D, WANG W. Nonlocal period parameters of frequency content characterization for near-fault ground motions［J］. Earthquake Engineering and Structural Dynamics, 2012, 41(13)：1793-1811.

［43］常志旺. 近场脉冲型地震动的量化识别及特性研究［D］. 哈尔滨:哈尔滨工业大学, 2014.

［44］陈笑宇, 王东升, 付建宇, 等. 近断层地震动脉冲特性研究综述［J］. 工程力学, 2021, 38(8)：1-14.

［45］郭明珠, 陈志伟, 缪逸飞. 近断层地震动作用下工程结构地震响应的研究进展［J］. 防灾科技学院学报, 2017, 19(2)：17-25.

［46］何依婷. 结构反应分析输入地震记录的截取方法［D］. 哈尔滨:哈尔滨工业大学, 2018.

［47］贾俊峰, 杜修力, 韩强. 层地震动特征及其对工程结构影响的研究进展［J］. 建筑结构学报, 2018, 36(1)：1-12.

［48］江辉, 慎丹, 王宝喜, 等. 基于实际记录检验的近断层区结构抗震设计谱研究［J］. 北京交通大学学报, 2014, 38(4):107-114.

［49］李翠华. 脉冲型地震动的定量识别及抗震设计谱［D］. 哈尔滨:哈尔滨工业大学, 2018.

［50］李爽, 谢礼立. 近场问题的研究现状与发展方向［J］. 地震学报, 2007, 29(1)：102-111.

［51］全国地震标准化技术委员会. 中国地震动参数区划图: GB 18306—2015［S］. 北京：中国标准出版社, 2015.

［52］徐龙军, 谢礼立, 胡进军. 抗震设计谱的发展及相关问题综述［J］. 世界地震工程, 2007, 23(2)：46-57.

［53］杨溥, 李英民, 赖明. 结构时程分析法输入地震波的选择控制指标［J］. 土木工程学报, 2000, 33(6)：33-37.

［54］张洪智, 刘秀明, 徐龙军. 近断层方向性效应地震动双规准组合反应谱［J］. 哈尔滨工业大学学报, 2014, 46(10)：17-22.

［55］中华人民共和国住房和城乡建设部. 建筑抗震设计规范: GB 50011—2010(2016版)［S］. 北京:中国建筑工业出版社, 2016.

# 名 词 索 引

## A

## B

## C

## D

# 附录　部分彩图

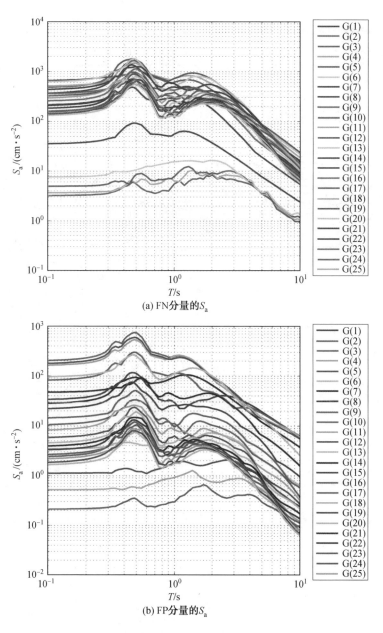

(a) FN分量的$S_a$

(b) FP分量的$S_a$

图 1.16　加速度反应谱沿断层走向变化(FN、FP 和 UP 分量)

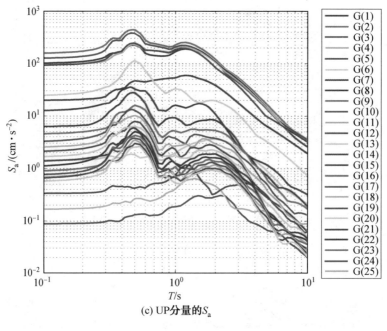

(c) UP分量的$S_a$

续图 1.16

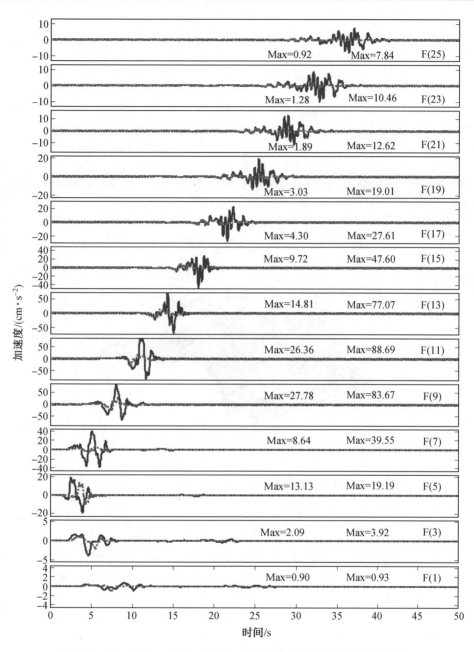

图 2.2　$Z_F = 0.1$ km 和 $Z_F = 5.0$ km 时 F 行奇数观测点的加速度时程

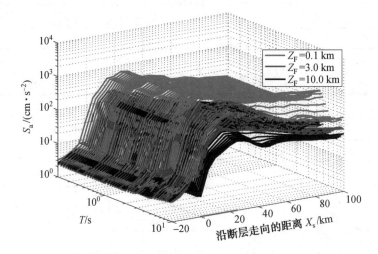

图 2.6　不同震源深度时加速度反应谱沿断层走向变化(FN 分量)

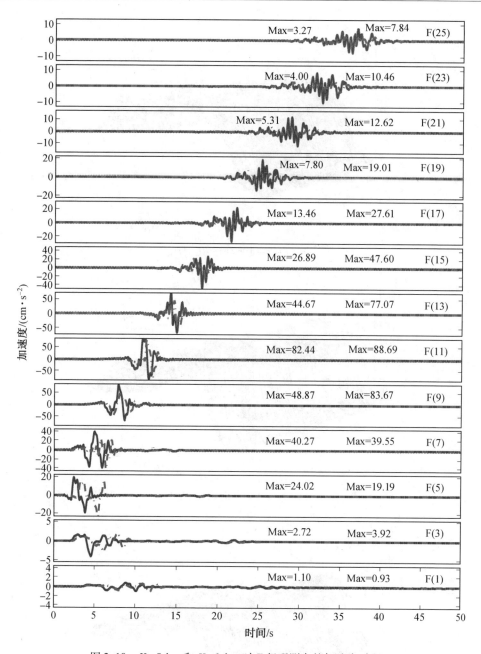

图 2.10　$H=5$ km 和 $H=9$ km 时 F 行观测点的加速度时程

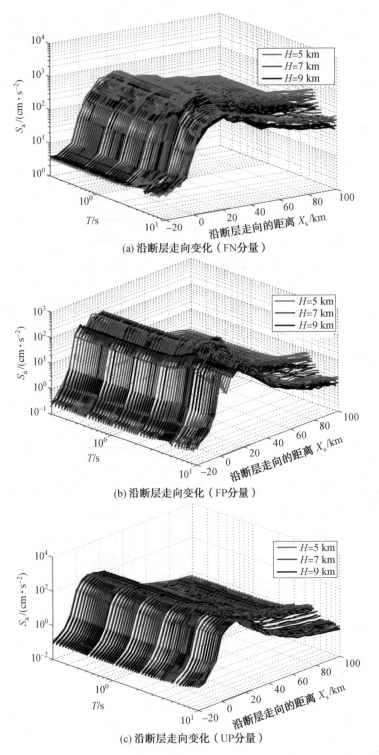

(a) 沿断层走向变化（FN分量）

(b) 沿断层走向变化（FP分量）

(c) 沿断层走向变化（UP分量）

图 2.13　不同破裂起始点位置时加速度反应谱沿断层走向变化（FN、FP 和 UP 分量）

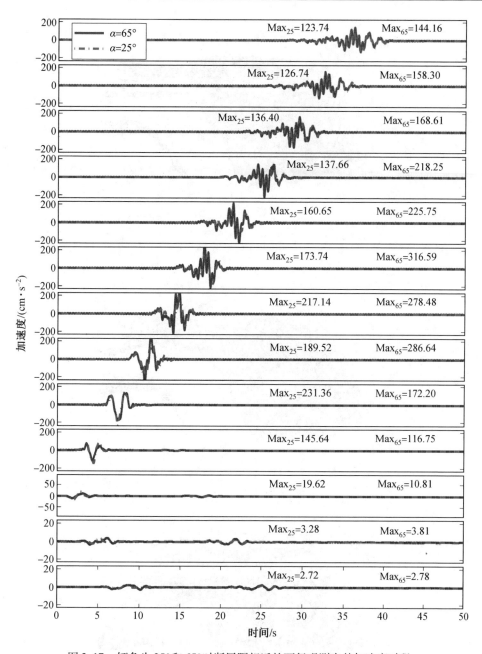

图2.17 倾角为25°和65°时断层距相近的两行观测点的加速度时程

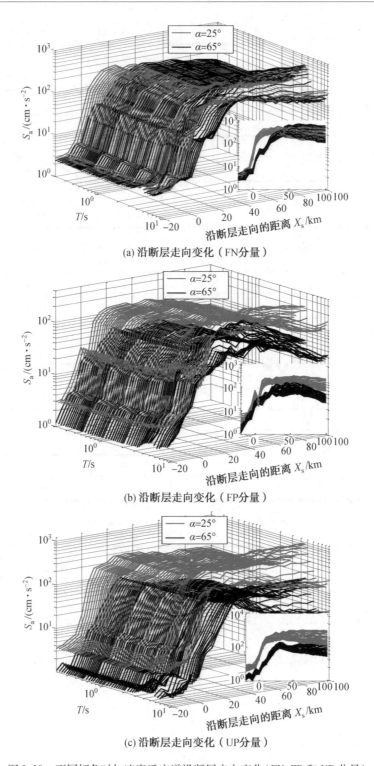

(a) 沿断层走向变化（FN分量）

(b) 沿断层走向变化（FP分量）

(c) 沿断层走向变化（UP分量）

图 2.20　不同倾角时加速度反应谱沿断层走向变化（FN、FP 和 UP 分量）

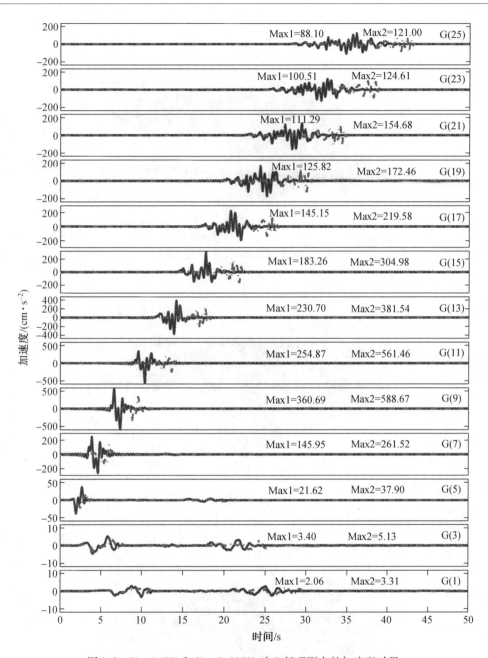

图 3.2　$V_R = 0.7V_S$ 和 $V_R = 0.925V_S$ 时 G 行观测点的加速度时程

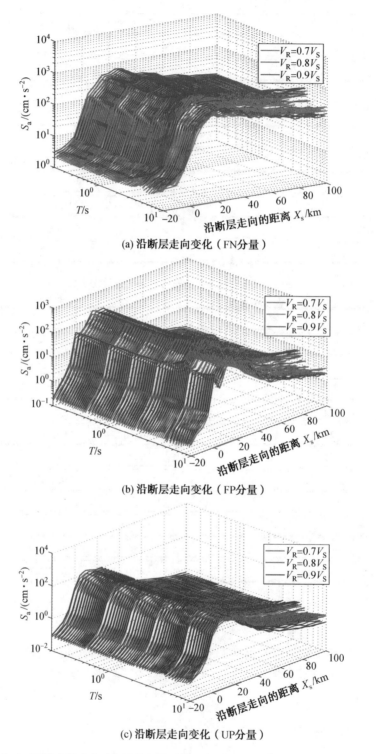

(a) 沿断层走向变化（FN分量）

(b) 沿断层走向变化（FP分量）

(c) 沿断层走向变化（UP分量）

图 3.5　不同破裂速度时加速度反应谱值沿断层走向变化(FN、FP 和 UP 分量)

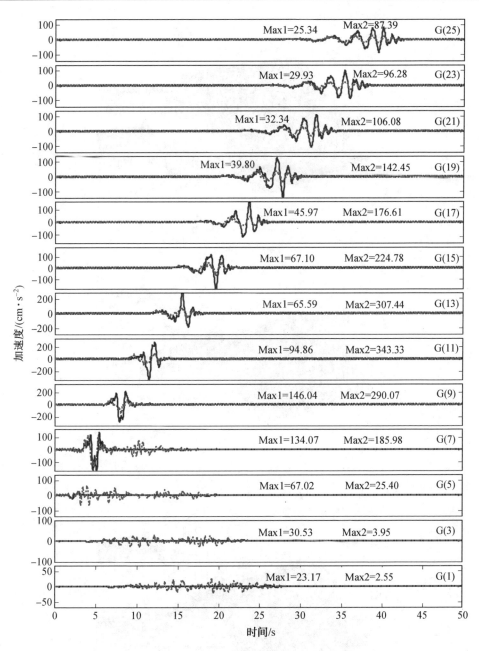

图3.9　常破裂速度和变破裂速度时 G 行观测点的地震动加速度时程

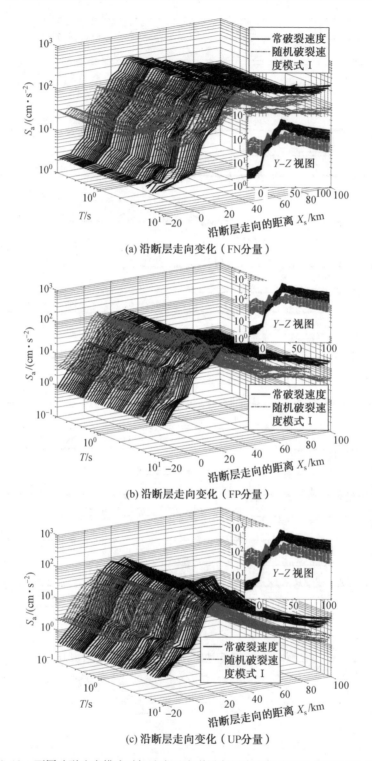

(a) 沿断层走向变化（FN分量）

(b) 沿断层走向变化（FP分量）

(c) 沿断层走向变化（UP分量）

图 3.12　不同破裂速度模式时加速度反应谱沿断层走向变化(FN、FP 和 UP 分量)

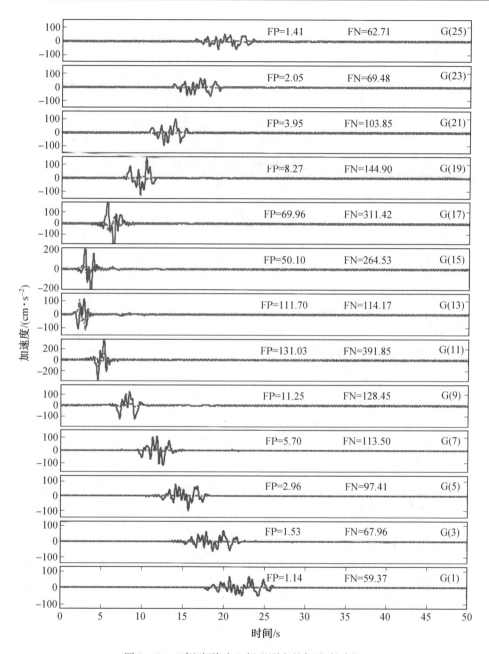

图 3.17　双侧破裂时 G 行观测点的加速度时程

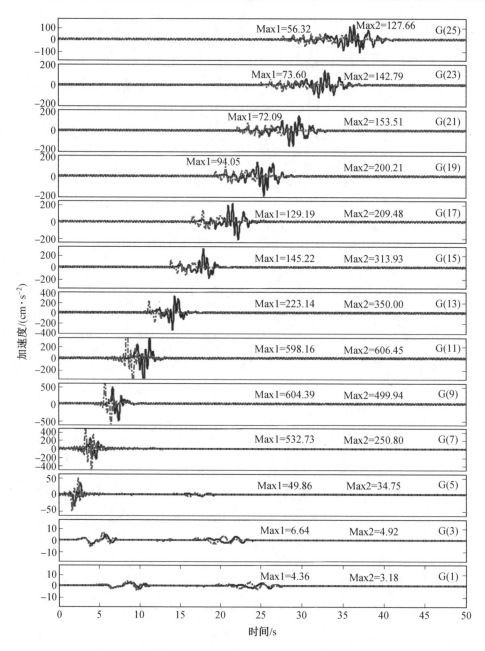

图 4.4　不同超剪切破裂速度时 G 行观测点的加速度时程

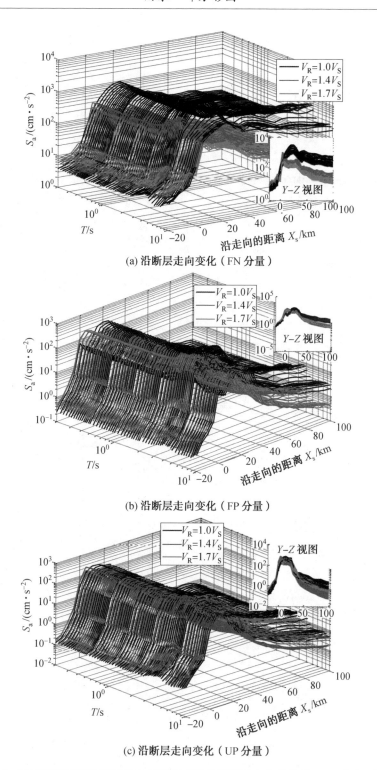

(a) 沿断层走向变化（FN 分量）

(b) 沿断层走向变化（FP 分量）

(c) 沿断层走向变化（UP 分量）

图 4.10　不同超剪切破裂速度时加速度反应谱值沿断层走向变化（FN、FP 和 UP 分量）